小麦蚜虫及其防治

陈巨莲 编 著

金盾出版社

内 容 提 要

本书由中国农业科学院植物保护研究所陈巨莲研究员编著。内容包括：小麦种植及麦蚜危害概况，麦蚜的种类与形态特征，麦蚜的地理分布与危害，麦蚜的发生规律，麦蚜的生活史和行为，麦蚜的预测预报技术以及麦蚜的综合防治技术。本书内容翔实，研究深入，适合专业技术人员参考，也适用于相关专业院校师生阅读。

图书在版编目(CIP)数据

小麦蚜虫及其防治/陈巨莲编著 . — 北京：金盾出版社，2014.1

ISBN 978-7-5082-8745-4

Ⅰ.①小… Ⅱ.①陈… Ⅲ.①麦类害虫—蚜科—防治 Ⅳ.①S435.122

中国版本图书馆 CIP 数据核字(2013)第 215501 号

金盾出版社出版、总发行

北京太平路 5 号(地铁万寿路站往南)

邮政编码：100036 电话：68214039 83219215

传真：68276683 网址：www.jdcbs.cn

封面印刷：北京凌奇印刷有限责任公司

正文印刷：北京军迪印刷有限责任公司

装订：兴浩装订厂

各地新华书店经销

开本：850×1168 1/32 印张：6.25 字数：155 千字

2014 年 1 月第 1 版第 1 次印刷

印数：1～8 000 册 定价：13.00 元

(凡购买金盾出版社的图书，如有缺页、
倒页、脱页者，本社发行部负责调换)

前　言

　　麦蚜是一类常见的农业害虫,主要危害禾谷类作物。在我国,麦蚜主要种类包括麦长管蚜、禾谷缢管蚜和麦二叉蚜。20世纪50～60年代,我国麦蚜危害较轻,主要在小麦苗期危害;70年代以后,麦蚜由间歇性严重发生变为常发性主要害虫,发生面积呈不断上升趋势,成为我国小麦作物重大害虫之一;90年代以来,麦蚜年发生面积迅速上升。目前,依据其发生面积、对小麦等禾谷类作物产量和品质的影响,小麦蚜虫已上升为我国小麦虫害的首位。

　　麦蚜发生危害,常年造成小麦减产10%以上,大发生年份使小麦减产30%以上;麦蚜主要以成蚜、若蚜吸食小麦叶、茎、嫩穗的汁液,影响小麦正常生长发育,严重时使生长停滞、不能抽穗、籽粒灌浆不饱满甚至形成白穗;另外,蚜虫还能传播大麦黄矮病毒(BYDV),对我国粮食生产构成威胁。

　　麦蚜从国家"六五"科技攻关以来,一直作为小麦主要病虫害防治技术研究与防治对象,根据我国小麦生产与麦蚜发生危害的实际情况,分别在黄淮海、西北、东北和长江中下游等四大生态区设立研究示范基地,中国农业科学植物保护研究所等单位对麦蚜生物学特性、发生危害规律、监测预警和新型防治技术等开展了深入研究工作。基于前人的工作积累和最新的研究与应用成果,在目前尚未见麦蚜专门科普读物的前提下,我们编写了《小麦蚜虫及其防治》一书,以供农业科研和教学工作者,农技推广人员和农民朋友参考使用。

本书编写过程中,参阅和引用了中国农业科学院植物保护研究所郭予元院士、倪汉祥研究员、曹雅忠研究员、程登发研究员、王锡锋研究员,山东农业大学刘勇教授以及河南省农科院,西北农林科技大学,中国农科院作科所,扬州大学,中国科学院动物所,全国农业技术推广服务中心等许多科研与教学单位和研究者相关研究材料,在此深表感谢!

由于编者水平有限,书中遗漏和不足之处,敬请读者指正!

陈巨莲
中国农业科学院植物保护研究所

目　录

第一章　小麦种植及麦蚜危害概述

小麦是世界最重要谷物资源之一，产量仅次于水稻，是第二大粮食作物，一年或两年生草本植物。茎直立、中空，叶片宽条形，子实椭圆形、腹面有沟，子实供制面粉，由于播种时期的不同有春小麦、冬小麦之分。全世界约35％的人口以小麦为主要粮食，其籽粒蛋白质含量、蛋白质与淀粉含量之比最适合人体需要。

一、国内外小麦种植概况

世界小麦分布极广，从极圈到赤道，从低地至高原，均有小麦的种植，尤喜冷凉和湿润气候，主要分布在北纬67°（如挪威和芬兰）和南纬45°（如阿根廷）之间。世界小麦种植面积中，冬麦与春麦的比例约为4∶1。

全世界小麦常年种植面积一般在34亿亩即2.27亿公顷左右，占世界谷物总面积的32％。据统计，全世界有103个国家种植小麦，主要分布在北半球欧亚大陆和北美洲。其中以中国、美国、俄罗斯、印度、加拿大、澳大利亚和阿根廷等十几个国家面积最大，种植面积占世界小麦总面积的70％，产量占世界小麦总产量的65.8％。虽然法国、德国、英国、意大利、罗马尼亚等欧洲国家在全世界小麦总面积中比重较小，但产量却比较高。

从2008年联合国粮农组织（FAO）数据资料看，世界小麦种植面积为22 356万公顷，种植面积前10位的国家是印度（2 804万公顷）、俄罗斯（2 607万公顷）、中国（2 362万公顷）、美国（2 254万公顷）、澳大利亚（1 355万公顷）、哈萨克斯坦（1 290万公顷）、加拿大(1 003 万公顷)、巴基斯坦(855 万公顷)、土尔其(758 万公顷)、乌克兰(705 万公顷),欧盟 27 国小麦种植面积 2 280 万公顷。我国小麦的种植面积占全世界的 10.57%。因此,我国小麦在世界小麦生产中占有举足轻重的地位。

2007～2008 年度世界小麦产量为 5.89 亿吨,主要小麦生产国的产量和所占比例(如图 1-1 所示),分别为:欧盟 27 国 11 977 万吨,占 20%;中国 10 600 万吨,占 18%;印度 7 490 万吨,占 13%;美国 5 600 万吨,占 10%;俄罗斯 4 800 万吨,占 8%;巴基斯坦 2 300 万吨,占 4%;加拿大 2 005 万吨,占 3%;澳大利亚 1 300 万吨,占 2%。

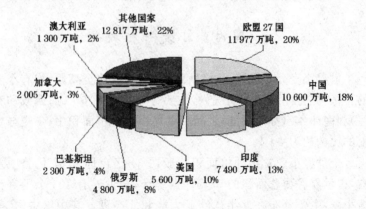

图 1-1 世界小麦产量分布图 (2007～2008 年度)

欧盟为全球最大的小麦生产国,欧盟 27 国小麦产量位居全球榜首,其中法国、德国和英国是欧盟区内的最大生产国。

从小麦出口情况看,目前有五个出口大国,分别为美国、加拿大、俄罗斯、澳大利亚和阿根廷。

小麦是我国重要的粮食作物之一,以冬小麦居多,产量居世界前列,约占全世界小麦产量的 18%。1999～2008 年,全国小麦种植面积平均为 2 415 万公顷,产量 1 亿多吨。近 10 年来,我国小麦种植面积略有减少,但总产量却有明显提高(图 1-2),表明我国单位土地面积的小麦产量有了飞速的增加。

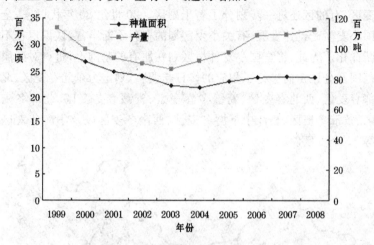

图 1-2 1999～2008 年我国小麦的种植面积与产量

(数据来源:FAO 数据库)

依据我国各地不同的自然条件和小麦栽培特点,把全国划分为不同类型的小麦种植区,便于因地制宜、合理安排小麦生产。早在 1936 年依气候及小麦生产状况把我国小麦分为 7 个区域,其中 6 个冬麦区,1 个春麦区;1937 年又根据 100 多个小麦品种在 8 省 9 个地点进行 3 年区域适应性试验的结果,把 6 个冬麦区归为 3 个主区。这是我国小麦区分最早研究。1943 年依据我国小麦冬、春性,籽粒色泽和质地软硬,将全国主要麦区划分为硬质红皮春麦区,硬质冬、春麦混合区,软质红皮冬麦区 3 个种植区。20 世纪 60 年代初,《中国小麦栽培学》又将全国小麦划分为北方冬麦区、南方冬麦区和春麦区 3 个主区(图 1-3)和 10 个亚区,为我国较完整的小麦分区奠定了基础。尤其是冬、春小麦分界线和各主要麦区的划分得到重新确定。以后气象、品种和栽培等学科的科技工作者根据各自学科的特点相继提出不同的区划。《中国小麦品种及其系谱》一书以《中国小麦栽培学》的区划为基础,直接划分为10个麦区,有的区还进一步划分了若干副区。20世纪80年代以来,全国小麦生产迅速发展,有关小麦区划的资料不断丰富,认识也在不断深化。为此,将全国小麦种植区划在原有的基础上,重点对区属范围及分区走向进行了相应的修订与调整,划定为东北春麦区、北部春麦区、西北春麦区、新疆冬春麦区、青藏春冬麦区、北部冬麦区、黄淮冬麦区、长江中下游冬麦区、西南冬麦区以及华南冬麦区等10个麦区。

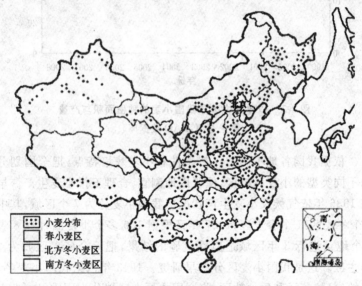

图1-3 中国小麦种植分布图

(一)东北春麦区

本区包括黑龙江、吉林两省,辽宁省中、北部地区,以及内蒙古东北部。全区小麦面积及总产量均接近全国的8%左右,约占全国春小麦面积和总产量的 47% 及 50%，为我国的主要春麦区之一。本区小麦品种属春性，对光照反应敏感，生育期短，多在 90 天左右。种植制度一年一熟，4 月中旬播种，7 月 20 日前后成熟。本区的气候特点是：因受西伯利亚和蒙古高原的影响，大部分地区大陆性气候很强，冬季漫长寒冷，夏季短促，无霜期一般为 90～165天。日照时数 2 400～2 600 小时，太阳总辐射量 110～130 千卡；年积温 1 700℃～3 500℃，年平均气温 0℃～7℃，1 月平均气温 −28℃～−10℃，最低气温 −47℃～−33℃；年降水量 350～900毫米，由东南向西北递减。土壤有机质含量丰富，肥沃层深厚，保水保肥力强，对春小麦生长十分有利。但不利因素是"前旱后涝"。根据温度和降水量的分布，又可将本区分为北部高寒、东部湿润和西部干旱 3 个副区。

（二）北部春麦区

本区包括辽宁西部、内蒙古和宁夏大部、甘肃兰州的东北部和河北长城以北、山西和陕西北部。全区小麦种植面积及总产量分别占全国的 3% 和 1% 左右，约为全区粮食作物面积的 20%。小麦平均单位面积产量在全国各麦区中为最低，且发展很不平衡。本区的气候特点：寒冷而干燥，大陆性气候强，太阳辐射强，日照时数长，温度变化大。年平均日照时数 2 800～3 000 小时，太阳总辐射量 150～160 千卡；年积温 2 200℃～3 000℃，年平均气温 4.5℃～8℃，1 月平均气温 −18℃～−10℃；年降水量 150～400 毫米，小麦生育期间降水量 50～130 毫米。本区对小麦生长的不利条件是：寒冷干燥，雨少风大，有时有晚霜冻害和干热风。依据全区南、北降水量的不同，可分为北部干旱和南部半干旱两个副区。

（三）西北春、冬麦区

本区以甘肃省及宁夏回族自治区为主，还包括内蒙古自治区西部及青海省东部部分地区。麦田面积约占全国的 4%,总产量达 5%左右。单产在全国范围内仅次于长江中下游冬麦区,而居各春麦区之首;地区间差异大,其中甘肃省河西走廊灌区及宁银引黄灌区的单产较高。

本区为内陆沙漠气候,其特点是:日照充足,气温较高,雨量稀少。年平均日照时数 3 000 小时以上;年平均气温在 10℃以下,1月平均气温−10℃～−7℃,最低温度−28℃～−20℃;光能资源丰富,热量条件较好;晴天多,日照长,辐射强,有利于小麦进行光合作用和干物质积累。但年降水量一般不超过 120 毫米,最少只有几毫米,为我国降水量最少的地区,且蒸发量大。小麦生长主要靠黄河水及祁连山雪水灌溉。

全区种植制度为一年一熟。小麦品种属春性,生育期 120～130 天。3 月上旬播种,7 月中旬至 8 月上旬成熟。依据地形、降水等情况,全区可分为荒漠干旱、宁银灌区、陇西丘陵以及河西走廊 4 个副区。

(四)新疆冬、春麦区

本区位于新疆维吾尔自治区,全区小麦种植面积约为全国的4.6%,总产量为全国的 3.8%左右。其中北疆小麦面积约为全区的57%,以春麦为主,单产也高于南疆;南疆则以冬小麦为主,面积为春小麦的 3 倍以上。

本区为大陆性气候,气候干燥,雨量稀少,但有丰富的冰山雪水资源,且地下水资源也比较丰富。晴天多,日照长,辐射强。

种植制度以一年一熟为主,南疆兼有一年两熟。冬小麦品种属强冬性,对光照反应敏感。预防低温冻害、干旱、土壤盐渍化以及生育后期干热风危害等均属本区小麦生产的重要问题。冬小麦播期为 9 月中旬,翌年 7 月底或 8 月初成熟。北疆春小麦于 4月上旬播种,8 月上旬成熟;南疆则 2 月下旬至 3 月上旬播种,7 月中旬成熟。依照天山走向,全区可分为南疆与北疆 2 个副区。

(五)青藏春、冬麦区

本区包括西藏自治区,青海省东部农区以外的其他地区,甘肃省西南部,四川省西部和云南省西北部。全区以林牧为主,小麦种植面积及总产量均约为全国的 0.5%,其中以春小麦为主,约占全区小麦总面积的 65.3%。自 20 世纪 70 年代中期以来,在藏南的雅鲁藏布江河谷地带冬小麦发展迅速,西藏常年冬麦面积约占麦田总面积的 40%～80%。种植制度一年一熟。青藏高原土壤多高山土壤,土层薄,有效养分少。雅鲁藏布江流域两岸的主要农业区,土壤多为石灰性冲积土,柴达木盆地则以灰棕色荒漠土为主。冬小麦品种为强冬性,对光照反应敏感。兴修水利,平整土地,精种细管,改进灌溉条件以防止土壤盐渍化等为本区关键性增产措施。全区可分为青海环湖盆地、川藏高原及青南藏北 3 个副区。

(六)北部冬麦区

本区包括北京、天津、河北省中北部、山西省中部和东南部,陕西省长渭北高原和延安地区,甘肃陇东地区,辽宁省辽东半岛以及宁夏回族自治区南部。全区小麦面积和总产量分别为全国的 9% 及 6% 左右,约为本区粮食作物种植面积的 31%。小麦平均单产低于全国平均水平。本区地处冬麦北界,东部为沿海丘陵,中部为华北平原,西部为黄土高原。

全区年平均日照时数 2 600～2 800 小时,太阳总辐射量 130～140 千卡;大陆性强,温度变化大,年积温 2 200℃～3 500℃,年平均气温 8℃～12.5℃;年降水量 320～700 毫米。小麦生育期间降水量仅 100～250 毫米。

种植制度以两年三熟为主,其中旱地多为一年一熟,一年两熟制在灌溉地区有所发展。品种类型为冬性或强冬性,对光照反应敏感,小麦播种期在9月(旱地9月上中旬,灌溉地9月20日左右);成熟期通常在翌年6月中下旬,少数晚至7月上旬。生育期260～280天。全区可分为燕(山)太(行)山麓平原、晋冀山地盆地和黄土高原沟壑3个副区。

(七)黄淮冬麦区

本区包括山东省全部(除胶东半岛北部),河南省大部(信阳地区除外),河北省中南部,江苏及安徽两省淮北地区,陕西省关中平原地区,山西省西南部以及甘肃省天水和陇南地区。全区小麦面积及总产量分别占全国麦田面积和总产量的45％及48％左右,约为全区粮食作物种植面积的44％,是我国小麦主要产区。

全区地势低平,除陇东、关中和山西西南部以及部分丘陵区海拔略高外,主要麦区均不及100米。土壤类型以石灰性冲积土为主,部分为黄壤与棕壤,质地良好,具有较高生产力。全区属暖温带,气候温和,年平均气温12.5℃～15℃,1月平均最低气温－3℃～0℃,绝对最低气温－20℃～15℃,年积温4 500℃～5 000℃;年平均日照时间2 000～2 800小时,太阳总辐射量120～135千卡。雨量比较适宜,年降水量500～860毫米,多集中在7～8月份,小麦生育期降水量152～287毫米。

种植制度灌溉地区以一年两熟为主,旱地及丘陵地区则多为两年三熟,陕西关中、豫西和晋南旱地部分麦田有一年一熟的。品种类型多为冬性或弱冬性,对光照反应中等至敏感,生育期230天左右。本区南部以春性品种作晚茬麦种植。全区小麦成熟在5月下旬至6月初。依照气候、地形等条件,全区可分为黄淮平原、汾渭河谷和胶东丘陵3个副区。

(八)长江中下游冬麦区

本区包括江苏、安徽、湖北、湖南各省大部分地区,上海市与浙江、江西两省全部以及河南省信阳地区。全区小麦面积约为全国麦田总面积的 11.7%,总产量约为全国的 15%,单位面积产量高,为全国小麦区之冠,但省际间发展极不平衡。其中产量最高的为江苏省,而江西全省以及湖南省西南部则为低产区。小麦在全区不是主要作物,湖北、安徽、江苏各省小麦面积只为粮食作物种植面积的 20%左右,而江西、湖南、浙江各省则只占 5%左右。

本区气候温暖湿润,属亚热带季风区,热量丰富。年平均气温 15℃～17℃,1 月份平均气温 2℃～7℃,最低温度 -10℃～-3℃。年积温 5 000℃～6 000℃;年平均日照时间 1 800～2 200 小时,太阳总辐射量 110～120 千卡。晚霜的终止期一般在 2 月下旬,个别年份在 3 月下旬或 4 月下旬。年降水量 800～1 400 毫米,小麦生育期间降水量 360～830 毫米,小麦生长不仅不需要灌溉,而且常有湿害发生。

种植制度以一年两熟制为主,部分地区有三熟制。小麦品种多属弱冬性或春性,光照反应不敏感,生育期 200 天左右。播种期 10 月中下旬至 11 月上中旬,翌年 5 月下旬成熟。全区可分江淮平原、沿江滨湖、浙皖南部山地和湘赣丘陵 4 个副区。

(九)西南冬麦区

本区包括贵州省全境,四川省、云南省大部,陕西省南部,甘肃省东南部以及湖北、湖南两省西部。全区小麦种植面积约占全国麦田总面积的 12.6%,总产量约为全国的 12.2%。其中以四川盆地为主产区,面积和总产分别占全区的 53.6%及 63%。本区地形复杂,山地、高原、丘陵和盆地均有。海拔 300～2 000 米。全区气候温和,水热条件较好,但光照不足。年平均气温 15℃～20℃,最冷月平均气温为 2.6℃～6.2℃,绝对最低气温 -11.7℃～5.2℃,其中四川盆地最冷月平均气温为 5.2℃～7.5℃,绝对最低气温为 -5.9℃～1.7℃。雨量除甘肃省东南部偏少外,其余地区年降水

量 700～1 500 毫米,小麦生育期降水量 270～560 毫米。年积温
5 000℃～6 000℃;年平均日照时间 1 100～1 300 小时,太阳总辐
射量 90～200 千卡。

种植制度多数地区为稻麦两熟的一年两熟制。小麦品种多属
春性或弱冬性,对光照反应不敏感,生育期 180～200 天。平川麦
区播种适期为 10 月下旬至 11 月上旬,成熟期在翌年 5 月上中旬。
丘陵山地播种期略早而成熟期稍晚。本区可分云贵高原、四川盆
地和陕南鄂西丘陵 3 个副区。

(十)华南冬麦区

本区包括福建、广东、广西、台湾和海南五省(自治区)全部,以
及云南省南部。本区小麦种植面积约为全国总面积的 2.1%,总
产量为全国的 1.1%。小麦在本区不是主要作物,其种植面积只
占粮食作物面积的 5%左右,且历年面积很不稳定。全区珠江三
角洲,潮汕平原以及闽南沿海小平原的面积总计不过 10%,为本
区小麦的主要产区。

本区属南亚热带海洋性气候,暖热,冬季无雪。年平均气温
18℃～22℃,最冷月平均气温 7.9℃～13.4℃,绝对最低气温
−5.4℃～0.5℃,1 月份平均气温 7℃～15℃。年平均日照时间
1 800～2 200 小时,太阳总辐射量 110～130 千卡。年降水量
1 200～2 400 毫米,小麦生育期降水量为 300～600 毫米。

本区小麦品种属春性,对光照反应迟钝,在 11 月中下旬播种,
生育期 120 天左右。成熟期最早为翌年 3 月中下旬,一般为 3 月
底至 4 月初。全区可分山地丘陵和沿海平原两个副区。

二、国内外小麦蚜虫的危害情况

麦蚜是我国乃至世界上小麦生产中的主要害虫,常年造成小

麦减产10%以上,大发生年份超过30%;近年来麦蚜在国内外严重发生。

麦蚜主要以成蚜、若蚜吸食小麦叶、茎、嫩穗的汁液,影响小麦正常生长发育,严重时使生长停滞、不能抽穗、籽粒灌浆不饱满甚至形成白穗。蚜虫还在叶片上分泌蜜露影响植株的光合作用和呼吸作用。另外,蚜虫能传播大麦黄矮病毒(Barley yellow dwarf virus,BYDV)。这些都影响小麦产量和品质。麦蚜在小麦不同生育期的危害程度不同,小麦灌浆期是麦蚜危害的关键时期。在小麦灌浆前期危害对产量的影响大于灌浆中后期;蚜虫持续危害的时间越长,对小麦产量的影响越大;在拔节期,当虫口密度低于2头/株时,由于植株的补偿作用,产量可相对增加;只有当每天累计蚜量达到51.5头/株时,才会造成明显的产量损失;在小麦苗期到抽穗前,蚜虫危害小麦的茎秆和叶片,在蚜量较低的情况下,不会影响小麦的产量;乳熟期后,麦蚜的数量急剧下降,不再造成危害。

麦双尾蚜(Russian wheat aphid, *Diuraphis noxia* Mordvilko)、麦二叉蚜(Greenbug, *Schizaphis graminum* Rondani)是北美小麦危害最严重的蚜虫。麦双尾蚜是美国西部山谷地带大麦的毁灭性害虫,于1986年首先在美国德克萨斯州西部发现,现在危及美国西部的小麦和大麦生产。从1987年至1998年美国西部因麦双尾蚜造成的损失估计约十亿美元;麦二叉蚜的危害在美国每年造成损失高达2.5亿美元(包括使用杀虫剂花费和产量损失)。

加拿大小麦蚜虫主要为麦长管蚜[English grain aphid, *Sitobion avenae* (F.)]、禾谷缢管蚜[Bird cherry-oat aphid, *Rhopalosiohum padi* (L.)]、麦二叉和麦双尾蚜;澳大利亚麦蚜主要有麦长管蚜、禾谷缢管蚜、麦二叉和玉米蚜;俄罗斯以麦双尾蚜为主。在俄罗斯、加拿大、印度等小麦主产国,麦蚜每年造成数百万美元的损失。各小麦生产国的农业科研机构或大学对麦蚜危害问题均很重视,政府投入大量经费用于麦蚜的科研和防治,并探讨麦蚜综合治理技术,抗蚜育种以及抗蚜虫基因发掘等工作。

我国麦蚜主要种类包括:麦长管蚜、禾谷缢管蚜、麦二叉蚜和无网长管蚜。20世纪50～60年代,我国麦蚜危害较轻,主要在小麦苗期危害,年发生面积一般在190万～460万公顷;70年代以后,麦蚜由间歇性严重发生变为常发性主要害虫,发生面积呈不断上升趋势,成为我国小麦作物重大害虫之一;90年代以来,麦蚜年发生面积迅速上升,由1972年的342万公顷上升到1999年的1838万公顷,由危害麦苗转变为危害麦穗为主,加重了小麦的损失。虽经大力防治,每年仍然损失小麦50万吨以上;其中在1995年和1999年分别损失83.2万吨、82.7万吨,造成的损失是小麦各病虫害中最严重的,占小麦病虫害造成损失总量的33%。麦长管蚜是我国多数麦区麦蚜的优势种,近年来,以麦长管蚜为主的小麦穗蚜在黄淮海麦区及北方麦区偏重发生或大发生,2003～2005年间穗蚜年发生危害面积达1200万～1400万公顷。因此,依据其发生面积、对产量和品质的影响,小麦蚜虫已上升为我国小麦虫害的首位。

根据全国农业技术推广服务中心和相关省市植保站的数据资料,2009年蚜虫发生面积2.66亿亩,占小麦种植面积的83.13%,比上年增长了11.26%。其中,北方麦区和黄淮海麦区比上年有明显增加,且偏重发生。山东省中南部地区偏重发生,呈现出早春基数低、前期发展缓慢、后期上升迅速,由于5月份降水明显增多,蚜虫发生盛期推迟到5月中下旬。河南省苗蚜发生盛期在4月份,穗蚜发生盛期在5月上中旬,平均蚜田率76.9%,蚜株率38.5%,平均百株蚜量435头,最高5万头(河南信阳),明显重于常年同期。河北省达到麦蚜防治指标的时间比常年早5～7天,高峰期持续时间长。西南麦区麦蚜偏轻发生。四川省受早春气温回升快的影响,早春虫情发展较快;发生高峰期百株蚜量在1045～5063头之间,比上年增加17.79%。

第二章　麦蚜的种类与形态特征

一、麦蚜多型现象

　　麦蚜俗称腻虫或蜜虫等,属于同翅目,蚜科,是农作物上非常严重的害虫之一。全世界大约有 4 700 种蚜虫,我国已报道的种类 1 000 余种,在农作物上有记载的约 450 种,其中具经济重要性的有 100 种左右。据不完全统计危害麦类作物的蚜虫有 30 余种,在我国主要有麦长管蚜 *Sitobion avenae*(Fabricius)、禾谷缢管蚜 *Rhopalosiphum padi*(Linnaeus)、麦二叉蚜 *Schizaphis graminum*(Rondani)和麦无网长管蚜 *Metopolophium dirhodum*(Walker)4 种,而前 3 种分布比较普遍。

　　国内麦长管蚜一直被误用,该蚜实际名称为荻草谷网蚜 *Macrosiphum miscanthi*(Takahashi)后经张广学(1999)研究发现麦长管蚜仅分布在我国新疆伊犁部分地区。长期以来,国内大部分关于荻草谷网蚜的研究一直沿用麦长管蚜名称(乔格侠等,2009)。

　　小麦蚜虫与其他蚜虫一样,身体微小,形态变异大,生活习性复杂,并具有多型多态现象,一般全周期蚜虫有 5~6 型,即干母、干雌、有翅胎生雌蚜、无翅胎生雌蚜、雌性蚜和雄性蚜。每型又有四个若蚜龄期,不同型的同龄期蚜虫形态也存在差异。

　　麦蚜以无翅和有翅胎生雌蚜发生数量最大,出现历期最长,是主要危害蚜型。在适宜的环境条件下,麦蚜都以无翅孤雌胎生蚜生活;在营养不足或种群密度过大时,则产生有翅蚜,进而向外迁飞扩散,但仍然是孤雌胎生蚜;在寒冷地区秋季才产生性蚜,雄性蚜与雌性蚜交尾产卵。翌年春天孵化为干母,继续产生无翅型即干雌,然后形成有翅型即侨迁蚜,迁回小麦上产生孤雌胎生无翅型或有翅型蚜虫。目前,只有麦长管蚜和禾谷缢管蚜发现了性蚜阶段的报道。

二、形态特征

卵为长卵形,长为宽的 1 倍,约 1 毫米。刚产出的卵呈淡黄色,以后逐渐加深,5 天左右即呈黑色。

几种常见的蚜型中,干母、无性胎生雌蚜和雌性蚜,外部形态基本相同,只是雌性蚜在腹部末端可以看到产卵管。雄性蚜和有翅胎生雌蚜亦相似,除具性器官外,一般个体稍小。下面就 3 种主要麦蚜(麦长管蚜、麦二叉蚜、禾谷缢管蚜)的主要形态特征分别进行介绍。

(一)麦长管蚜

1. 干母 体长 2.4~3.0 毫米,宽 1.1~1.5 毫米,体绿色,腹面附有白色粉状物,头部绿色至褐色,触角 6 节,体较短,第 1、2 节颜色与头色相同,第 3~6 节黑色或橄榄色,第 6 节鞭状部长为基部的 3 倍,腹管黑色。

2. 无翅孤雌蚜 体长 3.1 毫米,宽 1.4 毫米,长卵形,草绿色至橙红色,头部略显灰色,腹侧具灰绿色斑。触角、喙第 3 节、足股节端部 1/2、胫节端部及跗节、腹管黑色。中额稍隆,额瘤显著外倾。触角细长,全长不及体长,第 3 节基部具 1~4 个次生感觉圈。喙粗大,超过中足基节。腹部第 6~8 节及腹面具横网纹,无缘瘤,中胸腹岔短柄,第 5 节背面上有一对腹管,腹管长圆筒形,长为体长 1/4,在端部有网纹 13~14 行,有缘突和切迹。尾节上有尾片,尾片色浅,长圆锥形,长为腹管的 1/2,有 6~8 根曲毛。

3. 有翅孤雌蚜 体长3.0毫米,宽1.2毫米,椭圆形。头、胸部暗绿色,腹部色淡,触角、腹管黑色,腹背各节有断续褐色斑。触角与体等长,第3节有圆形感觉圈8~12个排成一行,第5节有时有感觉圈1个。喙不达中足基节。前翅中脉分叉1~2次。腹管长圆筒形,端部有15~16横行网纹;尾片长圆锥形,有长毛8~9根,其他与无翅同。

4. 若蚜 分4龄,无翅孤雌胎生若蚜各龄形态及特征见图2-1及表2-1。四龄有翅若蚜的体长2.4~2.6毫米,宽1.0~1.2毫米,翅芽明显达腹部第4节,灰黄色,末端色较深,其余与四龄无翅若蚜同。

表2-1 麦长管蚜无翅若蚜分龄形态

龄 期	一 龄	二 龄	三 龄	四 龄
体长(毫米)	0.8	1.2	1.6~2.0	2.2~2.4
体宽(毫米)	0.4	0.6	0.8	0.8~1.0
体 色	头部淡黄色,胸腹部淡黄绿色	头部淡黄色,胸腹部黄绿色	头部淡黄色,腹部黄绿色,绿色	头部淡黄色,腹部黄绿色,绿色
触角(毫米)	5节,长0.7	5节,长1.0	6节,长1.2~1.4	6节,长1.6~1.8
复 眼	鲜红色	鲜红色	暗红色	暗红色
腹管(毫米)	灰黑色,长0.08	灰黑色,长0.12	灰黑色,长0.3	灰黑色,长0.4

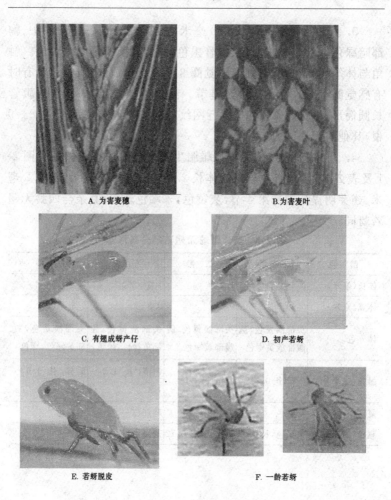

A. 为害麦穗

B. 为害麦叶

C. 有翅成蚜产仔

D. 初产若蚜

E. 若蚜脱皮

F. 一龄若蚜

图 2-1　麦长管蚜

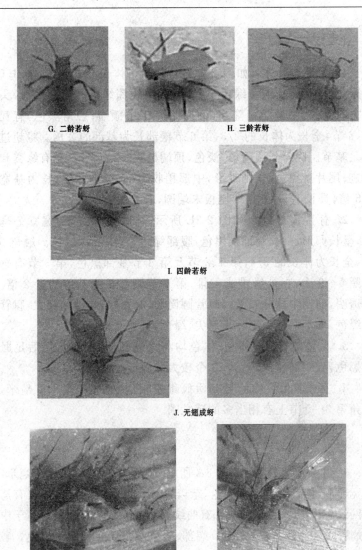

G. 二龄若蚜　　　　　　　　　　H. 三龄若蚜

I. 四龄若蚜

J. 无翅成蚜

K. 无翅成蚜和后代　　　　　　　L. 有翅成蚜及初产若蚜

图2-1　麦长管蚜(续)

(二)麦二叉蚜

1. 无翅孤雌蚜 如图 2-2(B-D)所示,体长 2.0 毫米,宽 1.0 毫米,呈卵形。体淡黄绿色至绿色,背中线深绿色。体背光滑,头前方有瓦纹,中额瘤稍隆起,额瘤略高于中额瘤;触角黑色,有瓦纹,6 节,全长为体长的 2/3,第 6 节鞭部长为基部的 2 倍。喙超过中足基节。腹管长圆筒形,淡色,顶端黑色,表面光滑,稍有缘突和切迹;尾片灰黑色,长圆锥形,中部稍收缩,有微细瓦纹,长为基宽 1.5 倍,具长毛 5～6 根。尾板末端圆,有毛 8～19 根。

2. 有翅孤雌蚜 如图 2-2E 所示,体长 1.8 毫米,宽 0.7 毫米,呈长卵形。头、胸部灰黑色,腹部绿色,背中线深绿色。触角 6 节,全长为体长的 3/4,第 1、2 节及第 3 节基部黑色,第 3 节有感觉圈 5～9 个,在外缘排成一排,第 6 节鞭部长为基部的近 2 倍。翅透明,前翅中脉分二叉。腹管圆筒形,有瓦纹,端部稍膨大,腹管淡绿色,末端黑色。尾片长而尖,绿色,具毛 6 根。

3. 无翅雌性蚜 体型、体色均与无翅孤雌蚜相似,但后足胫节黑色,且中部膨大,上具 23 个较大的扁形感觉圈。

4. 有翅雄蚜 体色与有翅孤雌蚜相似,但体长仅 1.2 毫米,触角第 3～5 节上有相当多的感觉圈。

(三)禾谷缢管蚜

1. 无翅孤雌蚜 如图 2-3A 所示,体长 1.9 毫米,宽 1.1 毫米,呈宽卵形,体表绿色至墨绿色,杂以黄绿色纹,常被薄粉,体表有清楚网纹。头部光滑,但前头部有曲纹,中额瘤隆起,额瘤隆起高于中额瘤。喙及足淡色,但喙端节端部、胫节端部 1/4 及跗节黑色。触角 6 节,黑色,为体长的 2/3;第 3～6 节有复瓦状纹,第 6 节鞭部的长度是基部 4 倍。胸腹背面有清楚网纹,腹管基部周围常有淡褐色或锈色斑,腹部末端稍带暗红色,腹管黑色,基部周围常有淡褐色或

A. 为害状　　　　　　B. 无翅若蚜

C. 无翅成蚜　　　　　D. 无翅成蚜和后代

E. 有翅成蚜和后代

图 2-2　麦二叉蚜的成蚜和若蚜

锈色斑,长圆筒形,端部略凹缢,有瓦纹,缘突明显,无切痕。尾片与尾板灰黑色。

2. 有翅孤雌蚜　如图 2-3(B、C)所示,体长 2.1 毫米,宽 1.1 毫米,呈长卵形。头、胸部黑色,腹部绿至深绿色,腹背第 2～4 节

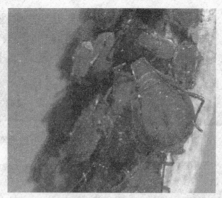

A. 麦穗茎上密集的禾谷缢管蚜（无翅成蚜、若蚜）

B. 有翅成蚜

C. 有翅若蚜

图 2-3　禾谷缢管蚜

两侧有黑色斑纹。触角 6 节，黑色，短于体长，第 3 节有小圆形至长圆形感觉圈 19～28 个，分散于全长，第 4 节有感觉圈 2～10 个，第 6 节鞭长是基部的 4 倍。喙第 3 节及端节黑色。腹管黑色，近圆筒形，下端稍膨大，末端略凹缢，似瓶口状。其他与无翅蚜同。

3. 卵　初产时黄绿色，较光亮，稍后转为墨绿色。

4. 无翅若蚜　分 4 个龄期，各龄特征见表 2-2。随龄期增加，若蚜体色由淡黄色变黑绿色。末龄体墨绿色，腹部后方暗红色；头部复眼暗褐色；体长 2.1 毫米，宽 1.0 毫米。各龄无翅若蚜的形态特征见表 2-2。

表 2-2　禾谷缢管无翅若蚜分龄形态

龄　期	一　龄	二　龄	三　龄	四　龄
体长（毫米）	0.8	1.1~1.2	1.4~1.6	2.1
体宽（毫米）	0.38	0.55	0.7	1.0
体　色	体淡黄略带紫色，头部复眼暗红色	体淡黑绿色或淡紫红色，头部复眼暗红色	体淡紫红色或淡墨绿色，头部复眼暗褐色	体墨绿色，腹部后方暗红色，头部复眼暗褐色
触角（毫米）	5节，长0.7	5节，长1.0	6节，长1.2~1.4	6节，长1.6~1.8
腹管（毫米）	灰黑色，长0.08	灰黑色，长0.12	灰黑色，长0.3	灰黑色，长0.4

第三章　麦蚜的地理分布与危害

　　小麦蚜虫是我国小麦上的重要害虫,其种类主要有麦长管蚜、禾谷缢管蚜、麦二叉蚜和无网长管蚜。麦双尾蚜在我国新疆地区有分布和危害。红腹缢管蚜(*Rhopalosium rufiabdominalis Sasaki*)近年在我国华北等地偶尔见危害小麦根部。麦蚜不仅分布广、发生量大,直接造成麦类作物的严重产量和品质的损失,而且还是大麦黄矮病毒传播的重要媒介。麦蚜能够发生成灾的地区大致可分为 4 个类区:①麦二叉蚜常灾区,该区气候干燥,年降水量在 250 毫米以下,年均温在 10℃左右,主要包括南疆和甘肃河西地带。以麦二叉蚜为优势种,禾谷缢管蚜一般不发生,麦长管蚜比率低。②麦二叉蚜多灾区,是接近春麦区的冬麦区,该区气候干旱,年降水量在 500 毫米以下,年均温在 12℃左右,包括甘肃陇南、陇东、陕北、晋西、冀北等地带。一般年份麦长管蚜和麦二叉蚜混合发生,大发生年份则麦二叉蚜为优势种,禾谷缢管蚜和麦无网长管蚜数量低。③麦二叉蚜和麦长管蚜易灾区,该区年降水量为 500~750 毫米,但冬春少雨易旱,包括关中平原区、晋东南山区、鲁南山区。温暖干旱年份以麦二叉蚜为优势种,一般年份以麦长管蚜为优势种,穗期危害严重,禾谷缢管蚜少量发生,麦无网长管蚜不发生。④麦长管蚜易灾区,该区年降水量在 750~1 000 毫米之间,麦长管蚜为优势种,主要是穗期危害成灾,禾谷缢管蚜在局部地区发生严重,麦二叉蚜发生数量少。包括皖北、豫西南、鄂北、陕南、四川、贵州等地区。但各区在小麦穗期均以麦长管蚜为优势种。

　　本章拟就麦长管蚜、麦二叉蚜、禾谷缢管蚜三种主要蚜虫在我国小麦的地理分布和危害进行详述。

一、麦长管蚜

(一)地理分布

麦长管蚜是迁飞性害虫,广泛分布,从世界范围来看,分布于亚洲、东非、欧洲与北美。麦长管蚜在我国麦区均有发生,是大多数麦区的优势种之一。在我国各小麦生态区均有分布,主要包括陕西(榆林)、甘肃(榆中、滑源)、宁夏(德隆)、青海(青海湖)、新疆(喀什、乌恰、叶城、奎屯)、东北、河南、河北、山东、四川、浙江、福建、广东、台湾等地。

(二)地理种群

麦长管蚜繁衍后代多为孤雌生殖,繁殖力高、世代周期短,常常由于地域的阻隔以及寄主种类和环境等因子的影响导致不同地域内蚜虫种群的遗传分化而表现出差异,称为不同地理种群。

1. 麦长管蚜地理种群的标准化整理　2006 年在国家科技基础条件平台建设专项"经济昆虫种质资源标准化整理、整合及共享试点"项目资助下,中国农科院植保所制定麦长管蚜种质资源的描述规范和数据标准;完成麦长管蚜郑州种群、西安种群、沈阳种群、上海种群、成都种群、广州种群、北京种群、红色蚜(北京)种群、天然饲料实验种群、全纯人工饲料实验种群等 10 个品系或地理种群,并提供信息收集与整理包括活体饲养,冷藏保存 1 个品系或地理种群的种质资源 10 个,以及图片资料。

2. 利用分子生物学方法进行地理种群鉴定　采用 DNA 随机引物扩增技术(RAPD)对我国北方麦区麦长管蚜种群的分析。样本采自春麦区的黑龙江龙镇、佳木斯,吉林公主岭,宁夏银川,内蒙古临河、丰镇;冬麦区的山西太原、临汾,北京,河北石家庄,山东泰安、烟台,河南安阳、新乡,陕西甘泉、陇县、彬县、兴平、杨凌、耀县、富平、蒲城,甘肃兰州、平凉,贵州丹寨、兴义、安龙等27个地区。

对26个引物扩增的结果进行聚类分析发现:兰州种群与其他种群间的遗传距离最大,为0.235(甘泉)～0.442(临河);其次为南方的贵州种群(丹寨、安龙和兴义3个种群)遗传相似度较高,聚为1支,与北方种群相对差异较大。北方的23个种群先聚为大支,再分为4小支:①主要由东北、华北种群组成,如黑龙江龙镇、佳木斯、吉林公主岭、内蒙古丰镇、河北的石家庄、安阳、山东泰安、北京、河南新乡等,遗传距离为0.118(龙镇和佳小斯)～0.291(北京和新乡)。②由陕西关中的耀县、富平、蒲城等种群组成,遗传距离为0.181(富平和蒲城)～0.259(耀县和蒲城)。③由陕西西北部的甘泉、陇县、彬县及甘肃平凉种群组成,遗传距离为0.117(陇县和甘泉)～0.188(甘泉和彬县)。④由山西太原、临汾,宁夏银川及内蒙占临河种群组成,遗传距离为0.120(太原和临汾)～0.227(临汾和银川),这4支间的最大遗传距离为0.364(甘泉和临河),说明这些地区的麦长管蚜种群间仍存在着较高的遗传相似度,即存在着远距离的迁飞扩散。

以我国8个不同地区如山东济南、安徽合肥、北京、河北唐县、山西运城、四川雅安、陕西杨凌、新疆石河子的麦长管蚜种群为虫源,采用6种随机引物RAPD分析方法,进行麦长管蚜群体的遗传变异研究。结果表明,北京与山东试虫采集地种群遗传距离为0.023 9,在8个地区中最小,山西试虫采集地种群与其他7个地区差异最大,这说明不同地区的麦长管蚜种群的确存在着遗传变异。用UPGMA法构建的聚类图发现,麦长管蚜聚成3个群体:山东和北京群体,安徽、四川和陕西群体,新疆群体,呈梯度分布,单纯以地理隔离不能解释麦长管蚜自然群体间的遗传变异。

采用线粒体细胞色素氧化酶亚基 I(CO I)基因部分序列的测定和分析方法,对采自我国安徽合肥(AN)、河北石家庄(HS)、湖北丹江口（HD）、河南郑州（HDE）、河南洛阳（HL）、河南周口（HZH）、湖南枣阳（HZ）、江苏盐城（JY）、河北廊坊（HLA）、青海西宁（QX）、山东泰安（ST）、山西太原（STA）、陕西宝鸡（SB）、四川江油（SJ）、新疆石河子（XS）、云南红河（YH）、江苏南京（JN）等17个地区麦长管蚜种群的进行检测，共发现15个多态位点，定义16种单元型（见表3-1），在系统树中的分布没有显示出明显的地理分布族群。AMOVA分析显示云南红河，四川江油，新疆石河子和陕西宝鸡种群存在显著地种群遗传差异和地理隔离效应，其他麦长管蚜种群并没有出现明显的地理种群或遗传分化。对上述结果和中国农业科学院植物保护研究所室内测定该蚜虫的迁飞能力结果综合分析表明，四川江油，新疆石河子和陕西宝鸡种群存在显著的种群遗传差异可能与地理隔离有关；北方种群与长江中下游种群间无显著差异可能与迁飞有关。从分子生物学角度为麦长管蚜的种群遗传分化和生态学研究提供了佐证。

表3-1　不同地理种群的单倍型分布和遗传多样性

种群 Populations	单倍型 Haplotypes																N	N_{hap}	h	π
	1	2	3	4	5	6	7	8	9	10	11	12	13	14	15	16				
AN	8	5	2														15	3	0.62857	0.00586
HS	5	6		3	2												16	4	0.75833	0.00612
HD	6						9										15	2	0.51429	0.00787
HDE	7	2		4													13	2	0.64103	0.00597
HL	16	2															18	2	0.20915	0.00249
HZH	9	6															15	2	0.51429	0.00612
HZ	10			3													13	2	0.38462	0.00395
JY	13	2	1														16	3	0.34167	0.00311
HLA	2	4				6												3	0.71429	0.00907
QX	2	4					2										8	3	0.71429	0.00808

续表 3-1

种群 Populations	单倍型 Haplotypes																N	N$_{hap}$	h	π
	1	2	3	4	5	6	7	8	9	10	11	12	13	14	15	16				
ST	9	2			6	3		8	3								26	6	0.81231	0.00699
STA	5	2				3			6								16	4	0.75833	0.00784
SB		12			2	4					2	2					22	5	0.67532	0.00589
SJ	4										4		8				16	3	0.66667	0.00794
XS													3	6			9	2	0.50000	0.00342
YH		3														13	16	2	0.32500	0.00278
JN	9	6	3														18	3	0.64706	0.00584

注:N 表示每个地点的样品数,N$_{hap}$表示每个种群发现的单倍型数,h 和 π 分别为单倍型多样性和核苷酸多样性

3. 利用不同抗性品种进行生物型鉴定 利用 12 个对蚜虫具有不同抗性的小麦品种,如 KOK、晋麦 31、北京 837、铭贤 169、红芒红、Amigo、丰产 3 号、中 4 无芒、JP1、L1、885479-2 和小白冬麦,对来自我国主要小麦产区的 14 个麦长管蚜地理种群进行适应性鉴定,根据不同地理种群蚜虫在后 7 个品种上表现差异将我国麦长管蚜分为 5 个生物型,命名为 EGA Ⅰ、EGA Ⅱ、EGA Ⅲ、EGA Ⅳ和 EGA Ⅴ(表 3-2)。

表 3-2　7 个小麦品种(系)对 5 个生物型的抗性反应

小麦品种(系)	生物型				
	EGA Ⅰ	EGA Ⅱ	EGA Ⅲ	EGA Ⅳ	EGA Ⅴ
Amigo	R	R	R	S	R
丰产 3 号	R	S	S	S	S
中 4 无芒	R	R	R	R	S
JP1	R	S	S	R	S
L1	R	R	S	R	S
885479-2	S	S	S	R	R
小白冬麦	S	S	R	R	R

注:R. 抗蚜,S. 感蚜

(三)为 害

麦长管蚜是麦类作物危害最严重的害虫,为全国大部分麦区的优势种。小麦从出苗到成熟均能危害。苗期集中在麦叶上,小麦拔节、抽穗后集中在茎、叶和穗部危害,小麦灌浆、乳熟期则集中在穗上刺吸汁液,并伴随蚜虫唾液分泌传播大麦黄矮病毒。小麦受害后苗期植株生长缓慢,分蘖减少,受害叶严重时叶片发黄,甚至整株枯死;穗期受害,造成籽粒干瘪、麦穗实粒数减少,千粒重下降,引起严重减产。除直接危害外,尚可传播麦类黄矮病毒,导致病株枯黄矮化,穗小粒少,引起严重减产。

1. 不同蚜量定期对穗部的危害损失 小麦抽穗后,是营养物质的转化积累时期,也是形成产量的关键时期。小麦在这一时期受害后麦穗会损失大量养分和水分,影响成粒,千粒重下降,造成减产。在一定的密度范围内,蚜虫密度越高,小麦千粒重损失越重。小麦孕穗期以后,麦长管蚜每茎 5 头以上,千粒重下降 3% 以上,每茎 10 头,小麦减产高达 44.26% (徐利敏等,1998)。

2. 穗期不同发育阶段蚜虫的危害损失 从穗期田间罩笼和套袋观察蚜害与产量损失的相关分析发现,穗期不同发育阶段,麦长管蚜蚜量与产量损失率呈高度正相关;方差分析结果表明,小麦抽穗期、扬花期和灌浆期三个不同生育期不同级差的蚜量与产量损失率在 0.05 水平上差异显著。小麦不同生育期麦长管蚜数量与产量损失率关系列于表 3-3。

表 3-3　穗期麦长管蚜数量与小麦产量损失率　（引自白莉等,2006）

蚜量档次	抽穗期		扬花期		灌浆期	
	损失率(%)	转换值	损失率(%)	转换值	损失率(%)	转换值
50	2.84	9.63	0.32	3.14	0.08	1.81
100	5.78	13.94	1.20	6.29	0.13	1.81
200	8.34	16.74	2.06	8.33	0.41	3.63
300	9.08	17.56	2.97	9.98	1.50	7.04
400	12.21	20.44	4.08	11.68	2.90	9.98
600			7.13	15.45	5.01	12.92
800					6.02	14.18
T_1		78.31		54.87		51.87
X_1		15.66		9.14		7.34
ΣT_1						184.55

3. 穗期麦长管蚜密度与千粒重的关系　在麦长管蚜密度一定时,危害时间越长,产量损失越重。郭予元等(1988)在小麦灌浆期测定结果,单茎蚜虫 50 头危害 5 天,千粒重下降 1.2%;危害 10 天下降 6.9%;危害 15 天下降 24%。

白莉等(2006)的研究表明,穗期麦长管蚜高峰期的 5 月 20 日和 22 日,两次用尼龙纱罩套袋晋麦 49 号分别 83 穗和 80 穗,重复三次,每穗平均着蚜量(x)与千粒重(y)的直线回归方程列于表3-4。灌浆中后期每穗蚜量与千粒重呈极显著负相关,表明,在一定蚜虫密度范围内,小麦千粒重随蚜量增加而降低,也就是说小麦产量损失随着蚜虫数量增加而增加。

表 3-4　穗期麦长管蚜危害与小麦千粒重回归方程　（引自白莉等，2006）

日期（月—日）	重复	$y=a+bx$	每穗 5 头损失（%）	每穗 10 头损失（%）
05—20	Ⅰ	$40.90-0.24x$	2.9	5.8
	Ⅱ	$44.60-0.28x$	3.1	6.2
	Ⅲ	$45.85-0.31x$	3.3	6.7
05—22	Ⅰ	$42.41-0.17x$	2.0	4.0
	Ⅱ	$43.09-0.24x$	2.7	5.5
	Ⅲ	$36.95-0.12x$	1.6	4.2

徐利敏（1998）等根据二次回归最优设计两因子（206 设计方案）实验，设计蚜量和危害期的不同组合测定千粒重和损失率，结果看出，麦长管蚜危害损失随蚜量和危害期的增加而增加。组建了蚜量（x_1），危害历期（x_2）两因子与小麦产量（千粒重 y_1）的二次回归方程：$y_1 = 32.854 - 4.464x_1 - 4.638x_2 - 3.242x_1^2 + 0.709x_2^2 - 2.866x_1x_2$。并组建了小麦产量损失率（$y_2$）与两因子的回归式 $y_2 = 16.466 + 0.995x_1 + 11.438x^2 + 8.227x_1^2 - 1.757x_2^2 + 7.319x_1x_2$。

因此，实验表明该蚜对小麦产量的损失与穗期每株上蚜虫数量和蚜虫危害时间长短密切相关。

麦长管蚜危害对小麦的损失除与被害生育期、危害历期和蚜量有关外，还与小麦品种、栽培条件和气候因素等有关。

4. 麦长管蚜防治指标和防治适期的确定　害虫防治指标的确定是依据经济损失允许水平提出的。

"经济损害水平"（Economic Injury Level，EIL）是指害虫特定的种群密度。在此密度时害虫危害造成的经济损失采取的控制措施的成本相等。换句话说，是害虫种群增长过程中即将显现经济损失的最低密度。在 EIL 的计算式中包括四个因子，即害虫控制的成本、农产品的市场价值、单位害虫数量所损失的作物收益和控制措施的有效性：

$$EIL = \frac{C}{VDK}$$

式中：EIL 是每生产单位的害虫数量（如每 667 米^2 有 n 头害虫），C 是每生产单位的防治成本（如每 667 米^2 花 c 元），V 是单位农产品的市场价值（如每千克 v 元）；D 是单位害虫数量所损失的作物收益（如 n 头害虫使作物减产 m 千克）；K 是防治措施所减少的害虫数量的百分比，即代表控制措施的有效性。

显然，对于同一种作物，不同的害虫其 EIL 值是不同的；而对于同一种害虫，不同的寄主作物其 EIL 值也是不同的。EIL 值还会因环境条件而变化，如土壤类型、降水量，这是由于环境条件改变影响作物的长势。

一般说来，在害虫种群密度达到 EIL 值之前就应该采取防治措施，因为在这些措施发生作用之前往往有一个时间滞后性。那么，应该采取防治措施以避免害虫种群进一步增长而达到 EIL 值的种群密度就称为"经济阈值"（Economic Threshold，ET），亦称"防治指标"或"行动阈值"（Action Threshold，AT）。

李鹄鸣等（1993）（表 3-5）研究认为：对于种群数量比较稳定的昆虫，EIl 可直接作为 ET；但对于种群处于急剧变化阶段的害虫，如在小麦灌浆期的麦长管蚜，就有必要考虑在防治时间内麦长管蚜数量的变化，ET 与 EIl 有如下关系：

ET＝EIL－准备时间及防治时间里的害虫净增数

因此，ET 与种群增长率有关。处于小麦灌浆期的麦长管蚜种群急剧上升，种群中可繁殖的成虫一般为种群数量的 10％，若它们平均日产若虫 4 头，而种群死亡率为 5％，防治时间需 1 天，那么有：

$$ET = \frac{10EIL}{14 \times 0.95} = 0.752EIL$$

表 3-5 麦长管蚜危害郾师 9 号和冀麦 19 号的 EIL 和 ET

（日・头/百株）（李鹄鸣等,1993）

品 种	生育期	EIL	ET
郾师 9 号	灌浆前期	3 202	2 402(平均 480 头/百株)
	灌浆中期	1 229	922(平均 185 头/百株)
冀麦 19 号	灌浆前期	1 482	1 110(平均 222 头/百株)
	灌浆中期	2 459	1 845(平均 369 头/百株)

郭予元等(1988)提出黄淮海麦区小麦扬花期,麦长管蚜防治指标为每茎 4.4 头。而李鹄鸣等(1993)则认为防治指标要因小麦品种与灌浆前期和中期而有区别。一般地区麦长管蚜防治指标为,小麦扬花灌浆期单茎 5 头。

二、麦二叉蚜

(一)地理分布

麦二叉蚜分布于中国、朝鲜、日本、中亚、印度、北非、东非、地中海地区、北美和南美。在我国主要分布于北方冬麦区,特别是华北、西北等地发生严重。尤以比较少雨的西北地区暴发危害频率最高。全国各地区普遍发生,在西北、华北、黄淮平原、江浙、云南、福建和台湾等地都有分布。

(二)生物型与地理种群

1. 生物型 为了配合小麦抗蚜育种工作,美国对麦二叉蚜生物型进行了深入研究。早在 1961 年 Wood 首次把仅能危害感蚜品种但不能危害抗蚜品种的麦二叉蚜命名为生物型 A,而把能克服抗蚜小麦品种 Dickinson 8A（含抗蚜基因 gb1)对生物型 A 的抗性的麦二叉蚜种群定名为生物型 B。到目前为止，国际报道的麦二叉蚜生物型已达到 11 种生物型。

中国农业科学院作物科学所根据小麦苗期 1～6 级蚜害分级标准，1996～1997 年利用国际通用的生物型鉴别寄主（品种）对北京地区麦二叉蚜种群进行生物型鉴定时发现，北京麦二叉蚜的致害性显著地不同于已知的生物型，是一新的生物型，命名为中国Ⅰ型（Biotype CHN-1）。此外，西北农林科技大学 2001 年，以小麦品种 Amigo 上的生命表的内禀增长率和稳定年龄组配为指标进行生物型鉴定分析，也发现杨陵地区麦二叉蚜可能是一种新的生物型。

因此，国内外麦二叉蚜生物型已报道达到 13 种，分别为生物型 A、B、C、D、E、F、G、H、I、J、K、中国Ⅰ型和杨凌型，其中前 11 个来源美国，后 2 个来源中国。

2. 地理种群 中国农业科学院植物保护研究所建立了麦二叉蚜种质资源描述规范和数据标准，并对我国麦二叉蚜种质资源的进行收集和标准化整理，建立和提交了内蒙古、甘肃河西、宁夏、陕西杨凌、山西晋西、山东鲁南、河南、河北廊坊、北京以及实验种群（北京）等近 10 个种群数据资料及图片资料。

（三）危　害

麦二叉蚜主要危害麦类作物，在新疆亦危害高粱。在麦类作物上，以成、若蚜群集在麦叶的正反面和下部叶鞘内外取食，幼叶被害，叶面出现黄褐色斑点，严重时麦苗枯黄，生长停滞，不能拔节，以致逐渐枯死（图 2-2A）。拔节之后，蚜虫分散至叶片危害，被害严重的麦田呈现一片枯黄，形似干旱缺水症状，下部叶片可全部枯死下垂，老叶受害常出现红黄色斑块。严重受害植株心叶干枯、不能孕穗，或者剑叶被蜜露所粘，发生扭转，不易抽穗，并造成穗头腐烂，导致麦类减产和品质下降。麦二叉蚜危害叶片降低叶绿素含量而引起缺绿症,是由于该蚜取食时将毒素注入到植物体内。高粱叶片受害,由黄色变成红色,植株生长受到严重抑制,造成不能抽穗或植株枯死,严重影响高粱产量和正常收割。除直接危害外,亦可传播大麦类黄矮病毒,病株叶色发黄,明显矮化,穗小而不实。

1. 麦二叉蚜危害对产量的损失　在以麦二叉蚜为优势种的华北、西北等地,受其危害后,对小麦产量影响较大,常致减产40%以上。

2. 麦二叉蚜防治指标和防治适期的确定　麦二叉蚜防治指标因小麦生育阶段的不同而存在差异。麦二叉蚜常发区,冬小麦秋苗期有蚜株率 10%～15%,百株蚜量 20 头;拔节初期有蚜株率10%～20%,百株蚜量 30～50 头;孕穗期有蚜株率 30%～40%,百株蚜量 100 头。防治适期:在小麦黄矮病流行区,麦二叉蚜的防治主要以苗期防治为主;而在非黄矮病流行区重点防治穗期蚜虫。

三、禾谷缢管蚜

(一)地理分布

禾谷缢管蚜分布于中国、朝鲜、日本、约旦、埃及、欧洲、新西兰和北美洲;禾缢管蚜在我国分布于华北、东北、华南、华东、西南各麦区,在多雨潮湿麦区常为优势种之一。有报道在酒泉、嘉峪关、张掖、金昌、武威、白银、兰州、临夏、甘南、定西、平凉、庆阳、天水、陇南、上海、江苏、浙江、山东、福建、四川、重庆、贵州、云南、辽宁、吉林、黑龙江、内蒙古、新疆、陕西、山西、河北、河南、广东、广西、湖南和湖北等地均有分布。

(二)地理种群

1. 地理种群 DNA 鉴定　采用 RAPD 分析技术,利用筛选的

57 条随机引物对采自我国沈阳、北京、郑州、安徽阜阳、南京、上海和长沙等 7 个地区的禾谷缢管蚜进行基因组 DNA 扩增分析。实验结果表明,57 条随机引物中有 15 条引物扩增条带分辨率好,多态性丰富,同一引物在不同种群间的扩增在条带的有无或强弱间存在明显差异。7 个种群明显分为 3 类,第一类为沈阳、北京、上海、南京、郑州种群;第二类为安徽阜阳种群;第三类为长沙种群。通过此项研究结果为我国东部麦蚜发生区禾谷缢管蚜的虫源性质,麦区间基因交流以及禾谷缢管蚜迁飞路线研究奠定基础。利用霜箱系统测定冷却点禾谷缢管蚜为 $-5.5\,^{\circ}\mathrm{C}$ 左右,结合全国气象资料推测禾谷缢管蚜越冬界线,与历史资料相比,略有偏南。

2. 种质资源的标准化整理 2007 年中国农业科学院植物保护研究所建立禾谷缢管蚜种质资源描述规范和数据标准,完成沈阳种群、西北种群、北京种群、郑州种群、阜阳种群、上海种群、杭州种群、长沙种群、广州种群、实验种群(北京)等 10 个品系(地理种群)的共性数据和个性数据信息的资料及图片资料。

(三)危 害

禾谷缢管蚜以成、若蚜危害麦类、玉米、高粱等禾谷类作物。早期多数集中于麦株下部叶鞘、叶背或根茎部分吸取汁液,麦株抽穗后,集中穗部危害,直至麦类作物收割时,仍有大量蚜虫在叶、叶鞘和穗部危害,这是禾谷缢管蚜的特有习性。严重受害麦株,麦穗布满黑层层的蚜虫,导致千粒重下降和品质变劣。在浙江、四川、湖北等地,禾谷缢管蚜常与麦长管蚜混合发生,在多雨年份,以禾谷缢管蚜为主,损失粮食 5%～20%。

1. 小麦拔节—孕穗期和扬花—灌浆期的累积虫日危害损失

采用人工接蚜方式,在试验小区按不同蚜量,从小麦生长期开始,调查记录蚜虫数量。到小麦收获后分小区或单穗测产,分别计算小麦拔节—孕穗期、扬花—灌浆期禾谷缢管蚜危害后的千粒重损失率,并比较不同累积虫日级别间的损失差异,结果见表3-6。

表3-6　禾谷缢管蚜危害对小麦产量的影响

(引自郭良珍等,2000)

拔节—孕穗期				扬花—灌浆期			
累积虫日 (头/日·茎)	千粒重		差异显著性 α=0.05	累积虫日 (头/日·穗)	千粒重		差异显著性 α=0.05
	平均 (千克)	损失率 (%)			平均 (千克)	损失率 (%)	
0	31.29	—	a	0	35.50	—	a
2116.63	30.79	1.60	ab	171.79	34.33	3.28	b
3894.71	29.81	4.73	bc	492.33	33.20	6.48	b
5882.05	29.49	5.75	c	866.13	30.97	12.77	cd
8899.15	29.16	6.81	c	1210.29	30.49	14.11	d
12589.13	28.63	8.50	cd	1940.50	28.66	19.26	e
19981.91	27.80	11.15	d	3414.17	22.00	38.02	f

　　在小麦拔节—孕穗期和扬花—灌浆期,禾谷缢管蚜的危害都会使小麦千粒重下降,且千粒重随累积虫日的增加而下降。方差分析表明,不同级别的蚜量和危害时间所引起的千粒重下降均有明显差异。经多重比较,发现在拔节—孕穗期,累积虫日为2 116.63头/日·茎时,蚜虫危害不会造成明显的产量损失。当累积蚜量达3 894.71头/日·茎以上时,蚜虫危害引起产量明显下降。而在扬花—灌浆期,在0.05%的显著水平下,每级蚜量处理都与对照差异显著。171.79头/日·穗就显著降低产量,累积蚜虫日增加的幅度大于373.80头/日·穗,就会造成产量明显下降。累积虫日在同一水平时,禾谷缢管蚜在小麦扬花—灌浆期危害造成的损失比拔节—孕穗期危害造成的损失大得多。由此可见,扬花—灌浆期是禾谷缢管蚜危害小麦的敏感时期。

　　经回归分析,两个试验时期累积虫日与小麦千粒重损失率呈正相关,建立了拔节—孕穗期、扬花—灌浆期累积虫日(X)与千粒重损失率(Y)的回归模型,分别为:$Y_1 = 1.4250 + 0.53529X_1$ ($r = 0.9582$),$Y_2 = 1.1780 + 0.0106X_2$ ($r = 0.9928$)。

2. 田间自然感蚜的危害损失 在小麦田间自然感蚜状况下,小麦扬花—灌浆期禾谷缢管蚜危害造成的产量损失随每穗蚜量的增加而增大,分析每穗蚜量(X)与千粒重损失率(Y)的关系为直线相关,即 $Y = 0.9857 + 0.1377 X$ ($r = 0.9974$),表明测定禾谷缢管蚜对小麦危害的产量损失,田间自然感蚜危害与用人工接蚜法试验结果基本一致。

3. 禾谷缢管蚜的发生与小麦生育期的关系 在完熟期之前的高生育阶段麦株才是禾谷缢管蚜繁育最适宜的生育条件,所以麦田蚜量是随小麦生育阶段的发展而增大,只有穗期蚜量达高峰,且此蚜量高峰持续到蜡熟甚至黄熟阶段。

(1)麦田蚜量消长 熊朝均(1990)通过近 5 年的系统调查证明:在小麦整个生长期中,蚜虫均有发生,但各生育阶段的发生量差异极大。出苗至分蘖麦田极难发现,以后随小麦发育阶段的发展数量不断增大,直到蜡熟黄熟阶段才达全季蚜量的高峰。蜡熟黄熟阶段的发生量要占它全季蚜量的 74.3%。

(2)分期播种各播种期的小麦上发生量比较 ①同一播期小麦上的蚜量均随小麦发育阶段的推进而增加,到小麦穗期蚜量达到高峰。②同期调查不同播期小麦上的蚜量均以高生育阶段小麦的蚜量最大。

禾谷缢管蚜数量消长和小麦生育期的关系极大。麦田苗期有翅蚜迁入时间迟,迁入量少,播期早的地方和不少早播田块该蚜往往发生较重;在气候适宜条件下,该蚜在小麦穗期会猖撅暴发。因此,穗期是防治该蚜的关键时期。

4. 禾谷缢管蚜防治指标和防治时期 郭予元与曹雅忠等(1988)在郑州麦田开展了混合种群麦蚜穗期危害的动态防治指标

的确定,通过建立回归方程,推导扬花初期,禾谷缢管蚜单独存在时的防治指标为每茎 38.9 头。

禾谷缢管蚜动态防治指标的确定:害虫对作物造成的危害不仅与害虫数量、危害时间有关,而且与作物的成熟程度、作物体内的水分和营养成分的变化有关。应用下述模型计算小麦在不同时期、不同产量水平下,用不同药剂处理的经济受害允许水平(L_{ET})。

$$L_{ET} = \frac{C \times F}{E \times Y \times P} \times 100\%$$

式中:C—防治费用,E—防治效果,Y—产量水平,P—产品单价,F—经济系数。

小麦产量水平越高,防治指标越低;在同一产量水平下,扬花—灌浆期的防治指标比拔节—孕穗期的低得多,进一步说明扬花—灌浆期,小麦对禾谷缢管蚜的危害反应最敏感,是防治的关键时期。

第四章　麦蚜的发生规律

麦蚜发生、消长不仅受温度、湿度、风、雨等气象因素的影响，而且与寄主植物及其栽培管理措施、天敌等因素密切相关。环境中的非生物和生物因素对麦蚜种群的影响程度因种类而异。

一、温度的影响

温度是影响麦蚜种群的关键因素，麦蚜的世代历期、繁殖速率及生殖力等与温度密切相关。下面就温度对麦长管蚜、麦二叉蚜和禾谷缢管蚜三种麦蚜的影响分别进行叙述。

(一)麦长管蚜

在不同温度条件下，麦长管蚜同一发育阶段的历期随温度升高而缩短，在同一温度条件下，麦长管蚜发育历期低龄长于高龄。这就表明麦长管蚜在龄期变大或温度升高的情况下，个体发育时间变短。

1. 麦长管蚜发育始点与有效积温　麦长管蚜发育始点(C)与有效积温(K)的测定采用昆虫常用方法。通常设置 5 种或 5 种以上温度梯度，建立直线方程式 $T = C + KV$，根据最小二乘法求系数的公式，获得 C 与 K 值。

$$K = (n\Sigma VT - \Sigma V\Sigma T)/n\Sigma V^2 - (\Sigma V)^2, C = (\Sigma V^2\Sigma T - \Sigma T\Sigma VT)/n\Sigma V^2 - (\Sigma V)^2 \quad\cdots\cdots\cdots\cdots ①$$

式中 n 为设置的温度组合数，K 为有效积温，C 为发育始点，T 为温度，V 为发育速率。最后用求得的理论值 C 代入公式：T=

C＋KV，求得温度的理论值 T 和其他温度实测值 T 之差的平方和，计算 C 的标准差：

$$Sc = \sqrt{\Sigma(T-T')^2/n} \quad \cdots\cdots\cdots\cdots\cdots\cdots ②$$

例如，设置 12℃、15℃、18℃、21℃、24℃、27℃ 六个温度梯度，通过公式①和②，求得麦长管蚜全若虫期发育始点与有效积温（表 4-1，表 4-2）。

表 4-1　全若虫期发育始点与有效积温求得方法实例

（尹青云等，2003）

T 观察值 (℃)	D 观察值 (d)	V	VT	V²	T	T-T'	(T-T')²
12	18.9	0.0529	0.6349	0.0028	11.8372	0.1628	0.0265
15	12.0	0.0833	1.2500	0.0069	15.1326	−0.1326	0.0176
18	8.5	0.1176	2.1176	0.0138	18.8494	−0.8494	0.7214
21	7.2	0.1389	2.9167	0.0193	21.1502	−0.1502	0.0226
24	6.6	0.1515	3.6364	0.0230	22.5179	1.4821	2.1967
27	5.1	0.1976	5.3360	0.0391	27.5128	0.5128	0.2629
Σ117	58.3	0.7419	15.8916	0.1049	117.0001	−0.0001	3.2477

具体计算如下：将表 4-1 中的有关数据代入公式①得：K＝108.3（日度）；C＝6.1℃。再根据公式②计算标准差（Sc）得：Sc＝0.7357℃。依据以上方法可求得若蚜阶段各龄期和全若蚜期的发育起点与有效积温（表 4-2）。麦长管蚜一至四龄若蚜和全若蚜期的发育起点温度（C）分别为 11.9±1.6℃、6.7±0.7℃、5.0±3.3℃、8.0±3.6℃ 和 6.1±0.7℃；有效积温（K）分别为 16.0 日度、27.4 日度、27.1 日度、18.5 日度和 108.3 日度。

表 4-2　各龄期若虫发育始点与有效积温

(尹青云等,2003)

发育阶段	有效积温(K)	发育始点(C)	标准差(Sc)
一龄	16.0203	11.9088	1.6476
二龄	27.4213	6.7001	0.7277
三龄	27.1045	4.9576	3.2529
四龄	18.5142	7.9905	3.6134
全若虫期	108.3180	6.1061	0.7357

2. 温度对麦长管蚜生殖力的影响　对于麦长管蚜这样世代重叠的昆虫,采用特定时间生命表方法可有效测定温度对其生殖力的影响。现以成蚜在21℃±0.5℃条件下的存活率和产仔数的结果(表 4-3)为例,计算出的平均世代历期(T)、内禀增长率(Rm)、周限增长率(λ)及稳定年龄组配。

$T = \Sigma xLxMx / \Sigma LxMx = 18.1(d)$，$Rm = Ln(\Sigma LxMx)/T = 0.2135$，$\lambda = 1.2380$。

表 4-3　麦长管蚜生殖力表　(在21℃±0.5℃条件下)(尹青云等,2003)

年龄组 (d)	代表性 年龄(x)	存活率 (Lx)	每雌产雌 率(Mx)	LxMx	xLxMx	Lxe$^{-m(x+1)}$	Px(%)
0	0	1.0000	0	0	0	0.8800	0
0~2	1	0.9667	0	0	0	0.6308	37.32
2~4	3	0.9197	0	0	0	0.3908	23.51
4~6	5	0.8891	0	0	0	0.2470	15.99
6~8	7	0.8302	2.1682	1.8000	12.6000	0.1505	8.91
8~10	9	0.8302	3.2273	2.6793	24.1136	0.0982	5.82
10~12	11	0.7925	5.0000	3.9625	43.5875	0.0612	3.62
12~14	13	0.7925	6.5143	5.1626	67.1136	0.0397	2.36

续表 4-3

年龄组 (d)	代表性 年龄(x)	存活率 (Lx)	每雌产雌 率(Mx)	LxMx	xLxMx	Lxe⁻ᵐ⁽ˣ⁺¹⁾	Px(%)
14~16	15	0.7925	7.8810	6.2457	93.6845	0.0261	1.55
16~18	17	0.7925	7.5476	5.9815	101.6580	0.0170	1.01
18~20	19	0.7359	6.3590	4.6600	88.9122	0.0113	0.61
20~22	21	0.7170	4.9739	3.5661	74.8890	0.0063	0.37
22~24	23	0.6981	4.5405	3.1097	72.9036	0.0042	0.25
24~26	25	0.6791	4.3056	2.9248	73.1139	0.0027	0.16
26~28	27	0.6604	4.0000	2.6416	71.3232	0.0017	0.10
28~30	29	0.6226	1.9091	1.1886	34.4694	0.0010	0.06
30~32	31	0.5472	2.0759	1.2454	36.6065	0.0006	0.036
32~34	33	0.4717	2.0600	0.9812	32.3775	0.0003	0.018
34~36	35	0.4528	1.8333	0.8301	29.0525	0.0002	0.012
36~38	37	0.4151	1.7273	0.7170	26.5290	0.0001	0.005
38~40	39	0.3396	1.5000	0.5194	19.8666	0	0.005
40~42	41	0.2830	0.6667	0.1887	7.7157	0	0
42~44	43	0.2642	0.6714	0.1762	7.5755	0	0
44~46	45	0.2264	0.1132	0.5000	5.0940	0	0
Σ			69.0743	49.0804	886.1613	1.6882	

注：Px 为年龄 x 至 x+1 之间的个体在种群中所占的比例

用同样的方法可算出不同温度下的各种生殖力参数(表 4-4)。由表 4-4 可知,在 12℃~27℃温度范围内,随着温度升高,上述各生殖力参数发生了明显的变化,平均世代历期逐渐缩短,内禀增长率、周限增长率及成蚜所占比例逐渐增大。在 21℃时均达到最大值,在 27℃ 时有所下降;而若蚜所占比例的变化与成蚜相反。

表 4-4　麦长管蚜实验种群在不同温度下的主要统计量比较
（尹青云等，2003）

项　目	温度（℃）					
	12	15	18	21	24	27
平均世代周期（d）	37.5402	28.8479	18.4363	18.1979	14.5632	12.6373
内禀增长率（Rm）	0.0705	0.1230	0.1950	0.2135	0.2089	0.2012
周限增长率（λ）	1.0731	1.1309	1.2153	1.2380	1.2324	1.2237
成蚜比例（%）	15.88	18.19	21.90	23.53	21.30	20.88
若蚜比例（%）	84.12	81.91	78.10	76.46	78.70	79.12

　　李永平等（1991）的研究认为，麦长管蚜的世代发育历期在温度为5℃～20℃时，随着温度的升高而缩短，为27～7天。温度每升高1℃，代发育历期缩短1天。温度对麦长管蚜实验种群的存活时间具有明显影响：温度越高，种群存活时间越短；主要以中后期即成蚜的死亡为主。

　　随着温度的升高，若蚜的历期、存活率及平均寿命都逐渐减小；每头成蚜的平均产仔数量逐渐增大，在22℃时达到最大值，26℃时已经下降，说明26℃及以上高温对麦长管蚜的繁殖有抑制作用。这与生产实际中麦长管蚜不耐高温的情况一致。在田间自然条件下，麦长管蚜种群数量增长速度以小麦的齐穗到扬花期间为最快（李定旭等，1992）。

　　汪世泽等（1993）通过模型的图形分析，发现蚜虫最大产仔量随温度的升高而提前、随温度升高而增大；生殖历期随温度的升高而缩短。这就从另一方面说明，随着温度的升高，麦长管蚜的生殖活动更加集中在成蚜的早期阶段。尽管在高温对麦蚜寿命缩短，总生殖量也有所下降，但由于生殖活动的集中和提前，缩短了世代周期，补偿了其他方面的不足。所以从整体上看，种群内禀增长力仍表现为上升趋势。只是在极限高温以上，内禀增长力才下降。

因此,麦长管蚜不耐高温,在室内恒温条件下,生长适宜温度范围 10℃～26℃,其中 18℃～23℃最适;生殖适宜温度为 12℃～23℃,22℃为最适,每雌平均产仔量达 48～50 头。在田间,麦长管蚜在 8℃以下活动甚少,5 日均温 16℃～25℃为生长发育适宜温度,16℃～20℃最适,28℃以上生育停滞,30℃若蚜全部死亡。

(二)麦二叉蚜

杨效文(1990)研究了室内恒温条件对麦二叉蚜种群存活率、生殖率及内禀增长率的影响。

1. 温度对麦二叉蚜种群存活率影响 当温度为 20℃时,麦二叉蚜种群存活率曲线接近 Deevcy I 型,从第 9 天开始死亡率增大;当温度为 25℃时,存活率曲线接近 Deevey II 型,死亡率接近常数;温度为 15℃和 30℃时,存活率曲线介于 Deevcy I 型和 II 型之间。

2. 温度对麦二叉蚜种群生殖率影响 当温度为 25℃和 30℃时,第 5 天开始生殖;温度为 20℃时,第 6 天开始生殖;温度为 15℃时,第 7 天开始生殖。同时还可看出,随温度升高,生殖期依次提前,生殖持续时间依次缩短。生殖曲线除 30℃为单峰外,其余均为双峰型。

3. 温度对麦二叉蚜种群内禀增长率(rm)的影响 在 15℃～30℃的范围内,麦二叉蚜实验种群的内禀增长率(rm)与温度的关系呈抛物线趋势(图 4-1)。即随温度升高,rm 值逐渐增大,在 25℃达最大,其相应的平均世代历期即 T 值最小。这说明,在 25℃左右,麦二叉蚜种群在此时增长最快。在 30℃下种群仍处于增长阶段,即麦二叉蚜是比较耐高温的。同时还可看出,在 20℃以下,温度对麦二叉蚜种群的影响主要是延长了世代平均历期,在 30℃左右主要是减少生殖量,即低温下麦二叉蚜的发育期延长,高温下麦二叉蚜的生殖量减少。因此,温度在 25℃左右最有利于麦二叉蚜的种群增长。

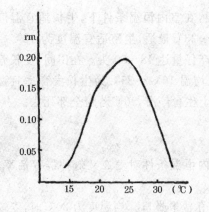

图 4-1 温度与麦二叉蚜内禀增长率的关系
（杨效文，1990）

因此，在田间变温条件下，1月平均温度达－2℃左右麦二叉蚜成蚜、若蚜死亡率很高，－4℃以下难以越冬；麦二叉蚜卵在平均气温3℃左右开始发育，5℃左右孵化。胎生雌蚜5℃左右开始发育，7℃以下存活率低，温度为15℃～22℃，为该蚜虫的生长发育最适宜温度；22℃孤雌胎生蚜繁殖快；25℃最有利于种群增长；30℃生长发育困难，死亡率高，但部分蚜虫能发育至成蚜；42℃迅速死亡。

（三）禾谷缢管蚜

郭良珍等（2001）在5种恒定温度下观察了禾谷缢管蚜的生长发育速率，确定了其有翅蚜和无翅蚜的各龄若蚜及全若期的发育起点温度和有效积温。

1. 温度对禾谷缢管蚜生长发育的影响 在10℃～25℃范围内，设置5种温度梯度，观测禾谷缢管蚜在不同温度下的发育历期。结果表明（表4-5），禾谷缢管蚜的发育历期随着温度的升高而缩短，即发育速率加快，且发育渐趋整齐。在30℃能正常发育，但历期又延长。在同一温度下，随着龄期增大，发育历期有延长的趋势。四龄的发育历期长于其他若蚜龄期。对无翅蚜而言，各龄历期差别不大；对有翅蚜而言，一、二和三龄的历期差别不大，唯四龄的历期明显长。同龄有翅蚜与无翅蚜相比，四龄有翅蚜历期明显长于无翅蚜。

2. 禾谷缢管蚜的发育起点温度和有效积温　由表 4-6 可以看出,无翅型各龄若蚜的发育起点温度在 0.86℃～2.48℃,全若期的为 1.76℃;而有翅型在 0.26℃～1.75℃,全若蚜期为 0.43℃。在同一龄期,有翅型的发育起点低于无翅型。有翅型的有效积温明显高于无翅型,说明有翅型的发育比无翅型的发育需要更多能量。

因此,禾谷缢管蚜耐高温不耐低温。在室内恒温条件下,生长适宜温度范围 10℃～30℃,其中 20℃～25℃ 最适;30℃ 若蚜发育正常。田间变温条件下,禾谷缢管蚜冬季以卵在桃、杏、李和稠李等树木上越冬,越冬卵的孵化起点温度为 4℃左右;在 1 月平均气温达－2℃的地区,成、若蚜均不能越冬;一般在 5 日均温 8℃时开始活动,5 日均温 18℃～24℃时为最有利条件。

二、湿度的影响

(一)麦长管蚜

麦长管蚜较喜湿,发生范围多在年降水量 500～700 毫米的地区或小麦生长阶段较少雨的多雨地区;适宜湿度范围为 40%～80%,最适湿度为 61%～72%。

(二)麦二叉蚜

麦二叉蚜喜欢干燥,大发生地区都分布在年降水量 500 毫米以下的地带,适宜在相对湿度 35%～67%范围内活动。

(三)禾谷缢管蚜

禾谷缢管最喜湿,不耐干旱,年降水量少于 250 毫米的地区,不利于其发生,最适湿度范围 68%～80%。

表 4-5　不同温度下禾谷缢管蚜的发育历期　（天）（郭良珍等，2001）

温度 （℃）	无翅蚜					有翅蚜				
	一龄	二龄	三龄	四龄	全若期	一龄	二龄	三龄	四龄	全若期
10	3.6031 （±0.7238）	3.3700 （±0.6321）	3.4078 （±0.7788）	4.0518 （±0.9321）	14.0767 （±1.4564）	3.0139	2.9861	3.4931	6.5278	6.0208
15	2.0604 （±0.3160）	1.7790 （±0.3809）	1.9653 （±0.4657）	2.3553 （±0.4166）	8.0747 （±0.8437）	1.9931	2.0070	2.0208	4.5556	10.5764
20	1.3375 （±0.1350）	1.2542 （±0.3166）	1.1790 （±0.1889）	1.4600 （±0.2323）	5.1931 （±0.5244）	1.4286	1.0272	1.4028	2.5671	6.4005
25	1.2880 （±0.1943）	1.0485 （±0.1622）	1.0304 （±0.1900）	1.6310 （±0.2916）	4.6419 （±0.5944）	1.0486	1.1385	1.1181	2.3797	5.9388
30	1.2104 （±0.3727）	1.3005 （±0.3461）	1.2398 （±0.2348）	1.5099 （±0.2779）	5.0757 （±0.8794）	1.1389	1.3472	1.1875	3.0833	6.4896

表 4-6　禾谷缢管蚜的发育起点温度和有效积温　（郭良珍等，2001）

	无翅蚜					有翅蚜				
	一龄	二龄	三龄	四龄	全若期	一龄	二龄	三龄	四龄	全若期
发育起点温度（℃）	1.60	1.95	2.48	0.86	1.76	0.26	1.29	1.75	0.66	0.43
有效积温（日度）	29.40	26.73	25.64	36.33	113.77	29.35	27.68	28.15	64.87	154.14

三、风雨的影响

(一)麦长管蚜

在小麦生长季节，田间麦长管蚜种群调查和同期风速和雨量的测定结果发现，风雨因素对麦长管蚜种群消长具有显著的影响，是关键制约因子之一。一次 6～7 级大风(即平均风速 10 米/秒左右)，可以使蚜虫群数量下降 65%，显著抑制种群增长；在小麦灌浆期遇一次强风天气(即极大风速达 18.8 米/秒)，使种群数量迅速彻底下降，直至小麦成熟期还未能恢复。一次持续 10 小时的降雨(即日降水量为 32.2 毫米)，导致种群数量骤降 80%，7 天后才恢复到雨前的种群密度。

1. 风对蚜虫种群建立与增长的影响　田间麦长管蚜的种群数量呈单峰型"缓升骤降"的变化趋势(图 4-2A)。在种群建立与缓慢增长期(4 月 5 日至 5 月 1 日)，疾风和大风天气过程的次数是种群发展的限制因素，种群增长率与刮风天气的风力呈显著负相关。例如，2006 年和 2007 年小麦生育前期迁入的蚜量接近，但 2006 年的累计蚜量及其种群增长速率明显低于 2007 年(图 4-2A)，主要原因是：2006 年在小麦生长阶段的疾风和大风天气明显多于 2007 年(图 4-2B)，如瞬间最大风速超过 14 米/秒的疾风和大风天气 2006 年有 6 次，2007 年仅 1 次。由此可见，在 2006 年和 2007 年前期基础蚜量相当的条件下，影响麦蚜种群建立和增长的关键因素是风。

2. 风对麦长管蚜种群上升和盛发期种群密度的影响　在小麦抽穗扬花期和灌浆期分别对应麦长管蚜种群快速发展期和盛发期，风的频率和强度是导致种群快速发展期种群数量波动、盛发期高峰蚜量的重要因素，强风至大风天气对麦长管蚜种群的直接干

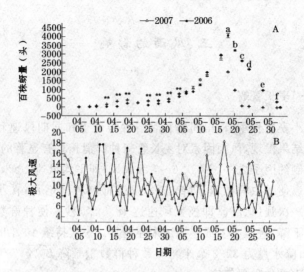

图 4-2　2006 年和 2007 年田间麦长管蚜种群消长动态(A)
以及小麦生长发育阶段的风速动态实况(B)

(王冰等,2009)

扰作用十分显著。例如,由 2006 年、2007 年和 2008 年 3 年田间观测结果(图 4-2,图 4-3)可以看出,2006 年 5 月份的强风和大风天气较少,因此麦蚜种群快速发展期(5 月 2 日至 5 月 11 日,小麦抽穗—扬花期)的没有大波动,种群盛发期(5 月 12 日至 5 月 22 日,小麦灌浆期)较高的种群数量;但 2007 年,在麦长管蚜种群的迅速上升阶段,5 月 12 日的一场强疾风(极大风速 15.8 米/秒)明显压低了种群上升的速率,其蚜虫数量与 2006 年相比,降低 10%;在 5 月中下旬,疾风和大风出现频繁,且持续时间较长,如 5 月 16 日、17 日以及18 日连续的强风和大风天气,其中极大风速分别达到了 14.1、18.4、13.7 米/秒,这不仅压低了盛发期的最高蚜量,使风后种群密度直接下降了 65%,而且导致 2007 年度麦蚜种群盛期的缩短(比 2006 年早 6 天)。加之后期寄主营养与天敌的共同作用,从 5 月 16~24 日短短 9 天的时间,种群数量由 2 823 头/百株迅速下降至几乎为 0,比

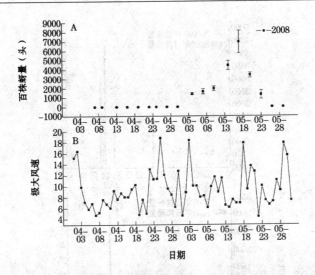

图 4-3　2008 年田间麦长管蚜种群消长动态(A)
与小麦生长发育阶段的风速动态实况(B)

(王冰等,2009)

2006 年同期下降了 92.1%,之后种群彻底消退。

在 2008 年麦蚜种群快速发展期(小麦抽穗期),5 月 3 日的大风(雨)天气(极大风速达到了 18.4 米/秒,其中 12:00～13:00 的平均风速高达 9.8 米/秒),严重抑制了麦蚜种群的发展速率,出现一个缓慢上升台阶(图 4-3A)。在盛发期,5 月 18 日的大风和 20、21 日的强风天气(极大风速分别达到 17.9 米/秒、13.7 米/秒、12.7 米/秒),使麦蚜种群数量迅速下降再未恢复(图 4-3B),与 2007 年同期的趋势相似。

3. 降雨对麦长管蚜种群增长的影响　降雨与风的作用相同,也是影响蚜虫种群数量动态的主要因素之一。据 2006 年、2007 年和 2008 年 4～5 月份雨日数据进行分析发现(图 4-4),2006 年 5 月下旬的降雨比较频繁、2007 年同期的降雨则较少,2008 年 4 月下旬至 5 月中旬的降雨频次较多。

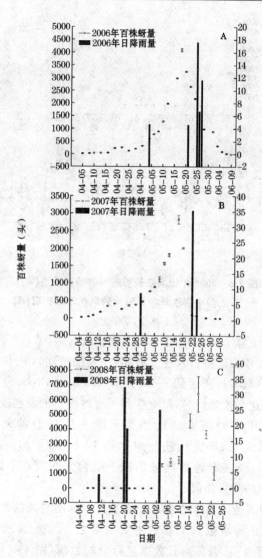

图 4-4　2006～2008 年 4～5 月份麦蚜种群动态和降雨
（＞4 毫米）实况　（王冰等,2009）

2006 年 5 月 4 日的一场小雨(降水量达到 4.7 毫米)使处于快速发展期的麦蚜种群受到了一定的抑制,上升速率减缓。2006 年 5 月 25～27 日 3 天降中雨(日最高降雨 17.6 毫米),使麦蚜种群数量骤降,呈直线下降趋势。2007 年 5 月 22 日的一场大雨(降水量达到 35.3 毫米)以及当日的强风使麦蚜种群快速下降,从而缩短了小麦蚜虫的发生期。2008 年 5 月 3 日的降雨(降水量达到 25 毫米)和大风天气麦蚜种群受到了明显抑制。因此,风和雨叠加是抑制麦长管蚜种群密度增长的关键因子之一。

4. 降雨对麦长管蚜种群数量抑制作用　降雨是导致对麦长管蚜种群数量骤降主要因素。例如,在 2008 年小麦孕穗期,通过观测了降雨前后麦长管蚜种群数量,发现降雨对蚜虫种群的干扰效应。4 月 20 日和 21 日 2 天的降水(降水量分别为 32.2 毫米、18.9 毫米),风力不大(1～2 级,轻风),雨后 1 天调查麦长管蚜种群密度下降 80% 以上,雨后 4 天种群密度仍显著低于雨前的密度,7 天降雨前后的种群密度无明显差异。因此降雨天气过程导致麦长管蚜种群数量骤降 7 天才能恢复到雨前的种群密度。

5. 模拟风雨对麦长管蚜种群的干扰作用　通过在小麦田间人工喷水和吹风模拟风雨,初步调查结果(表 4-7)发现,模拟风雨均可导致麦长管蚜种群密度显著下降,随着喷水(降水)量和吹风风力的增加,种群数量下降率明显提高。喷水 2(相当于大雨的降水量)处理的当天的种群矫正减退率为 70% 以上,第二天蚜虫下降率达 80% 以上;吹风 2(相当于大风的风力)处理对麦长管蚜的干扰作用与喷水 2 处理的基本一致。由此可以看出,人工田间模拟可以达到自然风、雨相似的干扰作用。

表 4-7　模拟风雨对麦长管蚜种群密度的影响　（王冰等，2009）

处理	当天虫口减退率（%）	翌日虫口减退率（%）
喷水 1（15 毫米）	45.22±2.35bB	58.09±5.07bB
喷水 2（30 毫米）	70.17±6.02aA	81.73±8.83aA
吹风 1（11 米/秒）	52.80±2.13bB	62.81±2.22bB
吹风 2（18 米/秒）	71.82±8.23aA	82.10±7.01aA

（二）麦二叉蚜

麦二叉蚜因多分布在植株上部和叶片正面，并且易受惊动，固受风雨影响较突出，影响类似于麦长管蚜。

（三）禾谷缢管蚜

禾谷缢管蚜受风雨杀伤率较低。低龄若蚜口针较弱，且逃脱能力较成虫差，受风雨影响较大；有翅成蚜易受泥水粘连，而易受泥水杀伤。李素娟等（2000）研究表明：抑制禾谷缢管蚜种群变动的主要因素是在一至二龄若蚜期风雨损伤口器或水淹溺致死，使种群密度下降 22.5%～50%，其次是瓢虫和蜘蛛的捕食作用。三四龄期成蚜受天敌的捕食和风雨交加损伤的共同作用。

四、天敌的影响

天敌是一类重要的自然生物资源，在农业生态系统中，以有害生物为食的天敌昆虫、蜘蛛及昆虫致病微生物对害虫的种群消长起着重要的控制作用。蚜虫的天敌资源十分丰富，据不完全统计，已发现取食蚜虫的昆虫有 10 目 28 科 342 种,能捕食蚜虫的蜘蛛有 16 科 86 种。根据捕杀蚜虫的形式,麦蚜天敌可分为如下三大类:即捕食性天敌、寄生性天敌、病原微生物(图 4-5～4-10)。

图 4-5 异色瓢虫

A. 成虫 B. 成虫捕食蚜虫 C、D. 成虫交配

(一)捕食性天敌

目前调查发现我国捕食蚜虫的天敌至少有 41 科 347 种,其中瓢虫科有 106 种,食蚜蝇为 38 种,猎蝽 24 种,草蛉 17 种,褐蛉 9种,姬蝽 14 种,隐翅虫 10 种。此外还有鞘翅目的金星广肩步甲、小广步甲;双翅目的长喙虻、长吻虻、食蚜瘿蚊;半翅目的蠋敌、黑头花蝽、小花蝽、肩毛小花蝽、黑肩绿盲蝽、黑食蚜盲蝽、赤须绿盲蝽、三色长蝽、大眼蝉长蝽、小长蝽;脉翅目的后斑曲粉蛉、中华啮粉蛉、直径啮粉蛉;螳螂目的广腹螳螂、薄翅螳螂、大刀螳螂;蜻蜓目的豆娘;革翅目的黄足肥螋;缨翅目的六点蓟马、塔六点蓟马、横

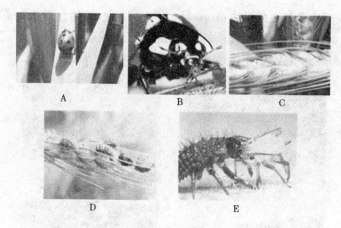

图 4-6　七星瓢虫

A. 成虫　B. 成虫捕食蚜虫　C. 卵　D. 幼虫　E. 幼虫取食蚜虫

图 4-7　草蛉

A. 成虫羽化　B. 成虫　C. 幼虫捕食蚜虫

纹蓟马、横连纹蓟马、条翅粉蓟马、异色皮蓟马；蛇蛉目的乌拉尔山蛇蛉等。主要种类如下：

1. 异色瓢虫　属鞘翅目瓢甲科瓢虫属。异色瓢虫食蚜种类较多（图 4-5）。

2. 七星瓢虫　属鞘翅目瓢甲科瓢虫属（图 4-6）。

3. 龟纹瓢虫　属鞘翅目瓢甲科龟纹瓢虫属。

4. 大草蛉　属麦翅目草蛉科草蛉属（图 4-7）。

5. 丽草蛉　又名小草蛉，属脉翅目草蛉科草蛉属。

6. 小花蝽　又名小黑花蝽,属半翅目花蝽科小花蝽属。

7. 黑食蚜盲蝽　黑食蚜盲蝽又名黑点盲蝽,属半翅目盲蝽科。

8. 黑带食蚜蝇　属双翅目食蚜蝇科食蚜蝇亚科(图4-8)。

9. 大灰食蚜蝇　属双翅目食蚜蝇科食蚜蝇亚科。

A　　　　　　　　B　　　　　　　　C

图4-8　食蚜蝇
A. 成虫交配　**B.** 幼虫　**C.** 幼虫捕食蚜虫

10. 草间小黑蛛　属蜘蛛目微蛛科小黑蛛属。

11. 八点球腹蛛　属蜘蛛目球腹蛛科腹蛛属。

12. 三突花蟹　又名三突花蛛,属蜘蛛目蟹蛛科花蛛属。

13. T纹狼蛛　又名T纹豹蛛,属蜘蛛目蟹蛛科花蛛属。

上述主要捕食性天敌可取食禾谷类作物蚜虫(麦长管蚜、禾谷缢管蚜、麦二叉蚜、高粱蚜、玉米蚜)和其他蚜虫(如棉蚜、桃蚜、萝卜蚜、豆蚜、棉长管蚜)等多种蚜虫。

(二)寄生性昆虫天敌

蚜虫的寄生性天敌昆虫主要有蚜茧蜂和蚜小蜂两类。蚜茧蜂种类多、分布广,目前我国已发现蚜茧蜂有62种,分属于蚜茧蜂属、原蚜茧蜂属、少脉蚜茧蜂属、全脉蚜茧蜂属、长径蚜茧蜂属、平突蚜茧蜂属、下曲蚜茧蜂属、点径蚜茧蜂属、少毛蚜茧蜂属、蚜外茧蜂属和三叉蚜茧蜂属等11个属。蚜茧蜂对蚜虫有较好的控制作用(图4-9)。根据其对蚜虫的寄生范围,可分为广寄生、寡寄生和单寄生 3 类。

图 4-9　蚜茧蜂
A. 成虫产卵于蚜虫体内　B. 幼虫在蚜体内发育—僵蚜初期
C. 僵蚜中期　D. 寄生蜂成虫从僵蚜破孔羽化

广寄生的蚜茧蜂可寄生多个科属的蚜虫,如麦蚜茧蜂可寄生蚜科的麦长管蚜、禾谷缢管蚜、桃蚜、杧果蚜、绣线菊蚜、台湾指管蚜和蔷薇长管蚜等。

寡寄生则指寄生同科同属蚜虫的多种蚜虫,如柳蚜茧蜂只寄生于二尾蚜、槭木二尾蚜等二尾蚜属和一些近源属蚜虫;又如菊蚜茧蜂只寄生于菊小长管蚜、台湾艾小管蚜等。

单寄生的蚜茧蜂只寄生一种蚜虫,如台湾、香港等地的混乱三叉蚜茧蜂只寄生无花果毛管蚜。

寄生蚜虫的蚜小蜂种类也较多,主要有苹果棉蚜蚜小蜂、蜡蚧斑翅蚜小蜂、黄足蚜小蜂、白杨瘤蚜蚜小蜂、黄盾食蚧蚜小蜂、豹纹花翅蚜小蜂以及寄生禾谷缢管蚜的黍蚜小蜂等。此外,尚有蚜虫跳小蜂,其寄主范围较广,对麦田、棉田、桃树、林木等多种蚜虫都可寄生。

目前,对蚜小蜂、跳小蜂的利用研究较少,在自然条件下,当气候干燥、降雨少,温度在 20℃～25℃ 的时期,田间寄主蚜出现较多。常见的寄生性昆虫天敌主要有下列几种:

1. 麦蚜茧蜂 属膜翅目蚜茧蜂科全脉蚜茧蜂属。麦蚜茧蜂以 4～5 月间发生较多,广寄生。可寄生于麦长管蚜、禾谷缢管蚜、麦二叉蚜、桃蚜、豆蚜、绣线菊蚜、棉蚜、麻疣额蚜、忍冬蚜、橘二叉蚜、梨二叉蚜、柳蚜、蔷薇长管蚜等蚜虫。

2. 黍蚜茧蜂 属膜翅目蚜茧蜂科全脉蚜茧蜂属。黍蚜茧蜂可寄生于禾谷缢管蚜、麦长管蚜、高粱蚜、桃蚜、豆蚜、绣线菊蚜、桃粉大尾蚜、李大尾蚜、柳二尾蚜、茶藨苦莱超瘤蚜、蔷薇长管蚜等蚜虫。

3. 烟蚜茧蜂 属膜翅目蚜茧蜂科蚜茧蜂属。烟蚜茧蜂可寄生于麦长管蚜、麦二叉蚜、禾谷缢管蚜、桃蚜、萝卜蚜、大豆蚜、棉蚜、茄无网蚜、蔷薇长管蚜等蚜虫。

4. 菜蚜茧蜂 属膜翅目蚜茧蜂科少脉蚜茧蜂属。菜蚜茧蜂是世界上最常见的蚜茧蜂,可寄生于麦长管蚜、麦二叉蚜、桃蚜、萝卜蚜、甘蓝蚜、棉蚜、柳二尾蚜等蚜虫。

5. 棉蚜茧蜂 又名黑卵蚜茧蜂,属膜翅目蚜茧蜂科平突蚜茧蜂属。棉蚜茧蜂可寄生棉蚜、麦长管蚜、绣线菊蚜、橘二叉蚜、桃蚜、梨二叉蚜、杏圆尾蚜等蚜虫。

6. 阿维蚜茧蜂 又名阿尔蚜茧蜂,属膜翅目蚜茧蜂科蚜茧蜂属。阿维蚜茧蜂可寄生豌豆蚜、桃蚜、禾谷缢管蚜、蔷薇长管蚜、大戟长管蚜、茄无网管蚜等蚜虫。

(三)致病微生物

1. 蚜虫的病原种类 在自然界蚜虫的致病微生物,主要是结合菌亚门的虫霉属真菌。虫霉属中有 100 多种病菌能寄生于昆虫,目前,已报道有 15 种虫霉属真菌寄生于蚜虫,以蚜虫霉发生最多,弗雷生虫霉和圆孢虫霉次之,另10种只偶而在蚜虫上发现。

　　除虫霉属真菌外,其他真菌很少感染蚜虫,据有关研究,头孢霉属中的 *Cephalosporium mascarium*,*C. aphidicola* 和蚜链双菌、蚜多毛菌、拟青霉,也可侵染蚜虫。镰刀菌属的真菌侵染蚜虫亦曾有报道,如从松树株蚜上分离到异孢镰刀菌;周玉良等(1979)报道天津地区高粱蚜上分离到的虫藻216鉴定为串珠镰刀菌。由于头孢霉属各种间,甚至单孢分离体之间的变异很大,因此在分类上头孢霉属的真菌易与镰刀菌、轮枝菌、粘鞭霉和柱果霉的小孢子阶段相混淆。此外,最近也发现英国盐沼泽地的铁秆蒿根上几种 *Pemphigus* 属的蚜虫被绿僵菌感染;蜡蚧轮枝菌为一种广谱性的虫生真菌,对蚜虫的致病性很强。

　　蚜虫很少被真菌以外的病原所感染。但有人从几种蚜虫上分离少量革兰氏阴性杆菌,它可引起继发性菌血症;豌豆蚜的黏质沙雷氏菌,估计 7×10^2 活的沙雷氏菌,足以在 $10 \sim 21$ 小时内引起四龄若蚜败血症致死。从菜粉蝶分离出的一种颗粒体病毒对桃蚜和禾谷缢管蚜有高毒。在原生动物种,豆蚜马氏管有原生动物存在。

2. 我国主要的蚜霉菌

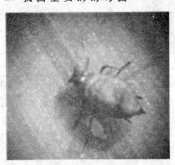

図 4-10　麦蚜感染蚜霉菌

　　(1)蚜虫霉　感染蚜虫霉致病的蚜虫,在临死前略呈淡黄色(图 4-10)。死后不久虫体上长满分生孢子梗和分生孢子,以及囊状体,死后不久的囊状体,死蚜周围有白色的分生孢子圈。蚜虫霉的分生孢子卵圆形至椭圆形,假根较短,它把蚜虫固定在植物的叶片上。蚜虫霉的休眠孢子为圆形,光滑透明,其直径为23~32微米,休眠孢子可以和分生孢子同时在感病的蚜虫上观察到。蚜虫霉的寄主范围均为蚜虫,可以引起桃蚜、萝卜蚜等蚜虫致病。蚜虫霉在浙江、天津等地曾有发生。

(2)弗雷生虫霉　感染弗雷生虫霉致病的蚜虫,最初表现为不活泼、呆滞,以后体色变黑,以口器刺入植物叶部;死后口器仍保留在叶内,死蚜分布在叶背上沿叶脉的两边或植株茎上成行排列。当分生孢子梗穿出虫体后,产孢细胞覆盖整个虫体,使虫体表面具有典型的灰色或绿色到污灰色的天鹅绒状的菌丝层,体内菌丝粗短多。弗雷生虫霉的分生孢子有初级和次级之分。休眠孢子为接合孢子,由两个同形的虫菌体结合形成。接合孢子产生于虫体内,其大小为 23.7～41.8 微米×16.5～30.3 微米(平均 30.5 微米×22.0 微米),宽椭圆形或半卵圆形,壁光滑,黑色,有时可看到接合孢子上带有两个内含物耗尽的虫霉菌,那是形成接合孢子后的残余部分。此菌无囊状体和假根。

(四)天敌对麦蚜的控制作用

天敌与麦蚜在发生期上的吻合程度越大,对麦蚜种群控制作用越强。在发生时间上,天敌的消长落后于麦蚜 5～10 天,形成最后一定滞后的跟随关系。这种关系可用二者种群在数量变化上的相关性来衡量,相关系数越大,则天敌的控制效果就越明显。对麦蚜控制作用强的主要天敌种类有:七星瓢虫、异色瓢虫、龟纹瓢虫,大灰食蚜蝇、黑带食蚜蝇、斜斑鼓额食蚜蝇,中华通草蛉、大草蛉、丽草蛉,烟蚜茧蜂、燕麦蚜茧蜂,草间小黑蛛和三突花蛛等是捕食性和寄生性种类。由于这些天敌的食性、捕食量、搜索行为、空间分布、种群数量、种间竞争等方面的差异,各自对目标害虫的控制功能反应也有明显差别。田间罩笼测定,七星瓢虫成虫日捕食蚜量 56～150 头,三、四龄幼虫日捕食 64～78 头;大灰食蚜蝇二、三龄幼虫日捕食量47～69 头;大草蛉幼虫期食蚜量为 300～750 头,成虫期为1 300～2 900 头;三突花蛛一生总食蚜量 300 余头。蚜茧蜂单雌产卵寄生蚜虫 34～304 头。

天敌对麦蚜的控制作用除取决于天敌种类的最高食(寄生)蚜量外,还与麦蚜密度有关。在麦田益害比 1：80 以下,麦蚜种群数量即可被控制在危害损失经济允许指标以下。麦蚜被寄生率为 30％时能有效控制麦蚜的发展。当麦蚜密度过低时,天敌需花费大量时间用于寻找,使其单位时间的食蚜量下降,寄生性天敌亦如此。

麦蚜与天敌田间跟随效应调查案例。在河南省漯河地区,早春气温低,麦蚜数量很少,百株蚜量仅为 28.2 头;4 月中下旬,随着麦蚜密度的上升,天敌数量逐渐增加到 6 头/米^{2}左右;由于天敌密度的增加,使麦蚜由百株 478 头下降到 121 头;蚜量的减少,促使部分天敌转移,导致天敌数量减少到 2.6 头/米^2,这样麦蚜群体数量增加,到 5 月上旬百株蚜量上升到 1 012 头;如此往复,直至小麦收获。当麦田天敌单位与麦蚜密度比达到 1：300～370 时,二者基本处于平衡状态,天敌与害虫之间的相互作用比较稳定,种群波动较小。当天敌与麦蚜的比例大于平衡状态时的益害比,害虫的种群数量会逐渐下降;反之,害虫种群数量就会上升。不同种麦蚜,其主要天敌种类亦存在差异。

1. 麦长管蚜　麦长管蚜的优势天敌是食蚜蝇、龟纹瓢虫、蚜茧蜂和草间小黑蛛。

2. 麦二叉蚜　麦二叉蚜的主要天敌是草间小黑蛛、瓢虫、食蚜蝇和蚜茧蜂。胡冠芳(1992)在实验室条件下,研究了 3 种瓢虫即多异瓢虫、七星瓢虫和横斑瓢虫,各龄幼虫捕食麦二叉蚜的功能反应,发现 3 种瓢虫一至二龄幼虫捕食量差异不大,三至四龄则进入暴食期,捕食量急剧增加,理论最大捕食量三龄是二龄的 2.35～7.33 倍,四龄是二龄的 3.39～12.83 倍,而四龄是三龄的 1.36～2.17 倍;各龄幼虫捕食量横斑瓢虫高于七星瓢虫,七星瓢虫又高于多异瓢虫。以横斑瓢虫四龄幼虫最高,1 天平均最多可捕食麦二叉蚜 909.1 头,捕食 1 头蚜虫仅需 1.58 分钟。由此可见,3 种瓢虫幼虫对麦二叉蚜的控制潜力是相当大的。

3. 禾谷缢管蚜　禾谷缢管蚜的主要天敌为七星瓢虫和食蚜蝇。李素娟等(2000)测定主要天敌对禾谷缢管蚜控制作用发现,瓢虫和食蚜蝇对该蚜种群的控制作用较为明显。但食蚜蝇持续的时间较短,而瓢虫从第 1 代开始一直到小麦成熟期都对蚜虫有不同程度的控制作用,其捕食量为 265 头/天。

(五)天敌对三种麦蚜的偏好性

天敌对不同种麦蚜存在一定的偏好性。在田间烟蚜茧蜂和燕麦蚜茧蜂为优势种的混合种群,对麦长管蚜和麦二叉蚜寄生率高达 50%以上,但对禾谷缢管蚜寄生率低于 20%。刘勇等(2001)在室内研究发现燕麦蚜茧蜂对麦长管蚜和禾谷缢管蚜的寄生率分别为 85.0%和 18.3%,对麦长管蚜的偏好指数为禾谷缢管蚜的 22 倍,形成燕麦蚜茧蜂对麦长管蚜偏好性主要因素是该蚜体表存在吸引蚜茧蜂寄主鉴别与攻击的利它素。而七星瓢虫、大灰食蚜蝇、中华草蛉及三突花蛛等主要捕食性天敌对麦蚜种间无明显的捕食选择性。

五、栽培条件的影响

小麦蚜虫种群数量变动与小麦播期、耕作方式、肥水等栽培条件有密切关系。秋季早播麦田蚜量多于晚播麦田;春季,则晚播麦田蚜量多于早播麦田。是由于晚播麦田生育期晚,茎叶鲜嫩,适宜蚜虫取食,繁殖量增大;耕作细致的秋灌麦田土缝少,蚜虫不易潜伏,导致冻死,因而蚜虫密度相对较低;春季肥水充足田蚜量多,因水浇麦苗生长旺盛,生育期推迟,有利于麦蚜发生;晚熟品种穗期受害比早熟品种重;与蔬菜、棉、林木等间作的麦田,因天敌种类丰富、数量多,麦蚜发生轻。麦长管蚜和禾谷缢管蚜在肥田、通风不良、湿度大的麦田发生较重;麦二叉蚜在缺氮素的贫瘠田危害重。

不论哪种小麦品种,只要追施一定数量的氮肥对麦蚜的生长发育都有促进作用,在一定范围内麦蚜种群数量随着小麦追施氮肥量的增加而上升。小麦施用氮肥后,叶片浓绿,叶肉加厚,水分增加,促进种群密度急剧上升,相关系数高达 0.9832,每 667 米^{2}追施氮肥 10 千克的为麦长管蚜最佳施肥量。例如,李素娟等(1992)试验结果表明,追施不同数量氮肥对 Chul1497 和陕农7859 两个品种上,都表现对麦蚜有增殖作用。其中,禾谷缢管蚜种群数量繁殖最快,每个处理的虫口密度都高于麦长管蚜。在每667 米^2 施尿素 10 千克,小麦品种 Chul1497 上的禾谷缢管蚜密度是对照的 9 倍,每 667 米^2 施 15 千克时,小麦品种陕农 7859 上的禾谷缢管蚜密度是对照的 9.5 倍。

李耀发等(2006)测定了室内可控条件下,不同肥料处理,不同时间内对麦长管蚜种群数量变化的影响(表 4-8)。从结果中看出,3 种肥料尿素(氮)、五氧化二磷(磷)和氯化钾(钾)对麦长管蚜的繁殖力产生了不同程度的影响,并且不同浓度的氮、磷、钾肥对麦长管蚜种群的影响不同。施用尿素 4 000 毫升/升,8 天后可显著促进麦长管蚜种群数量的增长;一定浓度氯化钾(1 000 毫克/升)可在第 4 天后显著抑制麦长管蚜种群的繁殖;五氧化二磷施用,对麦长管蚜种群影响不明显。

表 4-8　可控条件下不同肥料对麦长管蚜种群繁殖力影响

（李耀发等，2006）

处　理	浓度（毫克/升）	虫口增长率（%）						
		2 天	4 天	6 天	8 天	10 天	12 天	15 天
尿　素	2000	301.67b	291.67bc	218.33bc	128.33bc	85.00abc	55.00a	65.00a
	4000	200.00ab	245.00bc	213.33bc	231.67c	216.67c	213.33b	270.00b
五氧化二磷	1000	75.00ab	173.33abc	101.67abc	68.33ab	33.33ab	3.33a	53.33a
	2000	−15.00a	−23.33a	−18.33a	−50.00a	−31.67ab	−15.00a	6.67a
氯化钾	1000	41.67a	51.67ab	6.67a	−30.00a	−41.67a	−40.00a	−23.33a
	2000	298.33b	333.33c	240.00c	210.00c	130.00bc	88.33bc	86.67a
CK	—	98.33ab	56.67ab	18.33ab	13.33ab	13.33ab	11.67a	38.33a

六、寄主植物的影响

小麦蚜虫的主要寄主为禾本科作物或杂草，但不同蚜种对不同寄主的喜好程度各有差异。如麦类作物是麦蚜的主要寄主，其危害程度依次为小麦、大麦、燕麦、黑麦。随着种植业结构的调整，麦田复种指数增加、连片种植以及与禾本科作物的间套作等耕作制度随之变更，为麦蚜的发生与危害提供了更多的寄主种类和丰富的食物；另一方面，在冬、春麦混种区，由于冬麦生育期长，冬麦田是各种麦蚜的越冬场所，成为翌年春麦的蚜源，加重了春麦的受害程度。更重要的是，不同小麦品种对麦蚜的适合度存在差异，有些品种对不同种蚜虫具有不同程度的抗性作用。

（一）麦长管蚜

1. 小麦品种不同，麦长管蚜发生程度亦不相同　例如，在小麦灌浆期田间调查，小麦品种徐州 211 单茎麦长管蚜 13 头，在冬麦品种小白上,仅有1头。主要是由于不同小麦品种本身的形态、物理和生化特性造成蚜虫对寄主选择、生长发育等差异,这就要小麦对蚜虫的抗性。从抗性因子特点分为形态抗蚜性和生化物质抗蚜性。形态抗蚜性表现在叶毛长度、叶毛密度、叶片蜡质含量等特征,对麦蚜具有拒降落、拒取食、拒产卵子等作用。生化物质抗蚜性,即小麦本身的化学成分可阻止蚜虫取食或使其致死。同时,小麦某些营养成分可使蚜虫取食后因营养不良而不能很好发育或饿死。如穗部吲哚生物碱、单宁酸、总酚、香豆素和黄酮类化合物等是小麦植株抗麦蚜的重要生化物质,对麦蚜的生长、发育和存活都有一定影响。

(1)制定农业行业标准"小麦抗病虫性评价技术规范"系列标准"第7部分:小麦抗蚜虫评价技术规范"(NY/T 1443.7—2007) 为了更好筛选抗蚜虫品种,为小麦抗虫育种提供材料,并做好小麦生产品种合理布局,中国农业科学院植物保护研究所建立了小麦抗蚜虫评价技术规范,已通过农业部审定,正式出版发布,自2007年12月1日正式实施。此规范具有田间抗虫鉴定省时、省工、准确,减少年际间的误差等特点,已作为小麦抗性鉴定统一标准在科研部门推广使用。

(2)小麦品种抗蚜虫田间鉴定 中国农业科学院植物保护研究生所,利用小麦抗蚜鉴定行业标准(NY/T 1443.7—2007)每年对各小麦产区的主栽品种、后备品种100余份进行田间抗蚜鉴定,并且在我国主要小麦产区生产和后备品种资源南北两地或三地抗蚜性比较研究,鉴定结果表现为抗虫育种和抗性遗传分析提供材料。

例如:自2006年以来,对收集我国小麦主产区当前主栽小麦品种、后备品种265份,在河北省廊坊市进行抗虫的鉴定和评价,其中抗虫品种占15.5%;自2009年以来对我国主要小麦产区生产和后备品种资源[共212个小麦品种(系)]南北两地,即河北省廊坊市和四川省绵阳市抗蚜性比较研究,结果表明,绵阳共鉴定出29个抗虫性品种,廊坊共鉴定出24个抗虫性品种;仅有52个小麦品种(系)在两试验地的鉴定结果中表现一致,占鉴定品种总数的24.53%。

不同的小麦品种(系)对麦蚜混合种群的抗性表现除了与品种的遗传特性密切相关外,还与生长的地域有关。例如,同一品种(系)在不同的地域对麦蚜种群表现出不同反应,表明小麦品种(系)的抗蚜性也会受到地理环境的影响。2010年廊坊、绵阳及新乡三地不同参试小麦品种(系)对抗蚜性鉴定结果:分别在河北省廊坊市、四川省绵阳市和河南省新乡市采用改进的小麦抗蚜鉴定行业标准(NY/T 1443.7—2007),在田间小麦苗期人工接蚜虫,进行田间抗蚜性鉴定。参试小麦材料大部分品种相同,在河北廊坊基地鉴定小麦材料285份,四川绵阳基地262份,河南新乡基地234份,鉴定结果表明如下:廊坊基地抗蚜鉴定结果:在285份小麦材料中,对麦蚜混合种群(以麦长管蚜为主)表现为抗性的有23个,均为低抗,占鉴定品种总数的8.07%,其余262个小麦品种(系)表现为感蚜。绵阳市鉴定结果:在鉴定的262份小麦材料中,对麦蚜混合种群(以禾谷缢管蚜为主)表现抗性的有24个,且均为低抗,占鉴定品种总数的9.16%,其余238个小麦品种(系)表现为感蚜。河南省新乡市鉴定结果:在鉴定的234份小麦材料,对麦蚜混合种群(以麦长管蚜为主)表现抗性的有10个,且均为低抗,占鉴定品种总数的4.27%,其余224个小麦品种(系)表现为感蚜。因此,三地鉴定出的抗性品种(系)中,有6份小麦材料表现一致,分别是绵麦185、兰天20号、绵麦39、绵麦46、兰天21号、兰天22号,表明这些材料的抗蚜性具有一定的稳定性,对小麦抗蚜品种资源在不同生态区的利用和合理布局奠定了基础。

2. 麦蚜的发生和消长与小麦等寄主生育期关系非常密切 秋季冬小麦出苗后,各种麦蚜皆从夏寄主迁入麦田定居、繁殖,建立种群进行危害,并传播病毒,一般到小麦分蘖期出现蚜量小高峰。在苗期因营养及温度不适,蚜量较低,危害亦轻。翌年春季小麦返青后,随着气温升高,寄主营养条件不断改善,麦蚜种群密度逐渐增加。小麦抽穗扬花后,田间蚜量激增,到灌浆期麦蚜种群达到最高峰,也是麦蚜危害最严重时期。小麦乳熟期开始,寄主营养条件逐渐恶化,麦蚜密度亦随之下降。群体中有翅蚜比例上升,于小麦收获前大量有翅蚜向越夏寄主迁飞转移,使麦田内蚜虫种群密度骤减。

3. 小麦长势不同,麦蚜种群发生程度有很大差异　长势好的一类麦田麦蚜密度最大;长势一般的二类麦田,其蚜量是一类麦田的 50%;长势差的三类麦田,其蚜量仅是一类麦田的 12% 左右。而且长势好的麦田蚜虫发生危害早于其他两类麦田。由于各种麦蚜所需的生态条件不同,因而适宜发生的麦田类型也不一致。麦长管蚜以长势一般的麦田发生最重。

4. 不同小麦品种混种　利用小麦遗传多样性增加,通过控制麦长管蚜、保护天敌,对麦长管蚜生态调控,效果明显。中国农业科学院植物保护研究所在河北廊坊野外试验站,采用不同抗性小麦品种布局,开展麦长管蚜及其天敌的种群随时间变化动态研究。对照(感蚜品种)与不同小麦品种以 8∶2 的行数进行行间作。间作处理麦田中高峰期麦长管蚜无翅蚜的种群密度均显著低于单作麦田,其顺序为:小麦单作北京 837＞与郑州 831 间作＞与 KOK 间作＞与红芒红间作＞与 JP2 间作＞与中 4 无芒间作,且麦蚜由聚集分布趋于均匀分布;蚜茧蜂发生的高峰期,各间作处理麦田中蚜茧蜂的平均数量高于小麦单作田,差异均达极显著水平;对小麦千粒重的影响显著,理论产量增加,与小麦单作处理差异显著。表明在田间主栽小麦品种与抗蚜品种间作对麦长管蚜有显著的调控、保护天敌和增产效益作用。

5. 小麦与其他作物的间种和套种　目前由于农田大面积的

单一种植模式,造成农业生态系统的不稳定,对作物－害虫－天敌的复合体产生了极大的影响。天敌和其他生物数量急剧减少,有害生物危害日益严重。因此农田生物多样性的保护,对于天敌保护利用、害虫持续控制,维持农田生态系统的动态平衡关系具有重要作用。利用小麦与其他作物的间种和套种等种植方式可以增加麦田生态系统的生物多样性,创造不适合害虫而利于天敌生存的生活环境,达到控制麦蚜的目的。

(1)小麦与油菜间作对麦长管蚜和天敌种群动态的影响　山东农业大学与中国农业科学院植物保护研究所合作,从 2006 年开始开展了小麦与油菜间作对麦长管蚜和天敌种群动态的影响的调查研究:

①对麦长管蚜种群动态的影响:小麦间作油菜能显著降低无翅蚜的种群数量(图 4-11C)。在整个调查期内,在小麦－油菜间作田中无翅蚜平均数量显著低于单作麦田;无翅蚜高峰期出现比单作田早,高峰期平均无翅蚜量单作麦田(每百株 2 583.7 头)＞小麦－油菜间作田(每百株 1 430.3 头)。

不同间作方式下麦长管蚜有翅蚜种群动态曲线均为双峰型(图 4-12C),小麦－油菜间作田有翅蚜高峰期出现早,两个高峰期有翅蚜量均高于单作麦田。但小麦－油菜间作田总蚜量(无翅型与有翅型总和)显著低于单作田。

②对麦长管蚜天敌种群动态的影响:对瓢虫影响结果见图 4-13C:小麦－油菜间作能显著增加瓢虫种群数量,4 月 4 日至 5 月 14 日期间,小麦－油菜间作田中瓢虫种群平均数量显著高于单作麦田。对蚜茧蜂的影响结果见图 4-14C:通过蚜茧蜂的种群动态和僵蚜率调查结果发现,小麦－油菜间作能显著影响蚜茧蜂的种群动态,使蚜茧蜂发生的高峰期提前;整个调查期间,小麦－油菜间作田中麦长管蚜僵蚜率显著高于单作田。

通过研究 4 个不同抗性的小麦品种(系)与油菜间作对麦长管

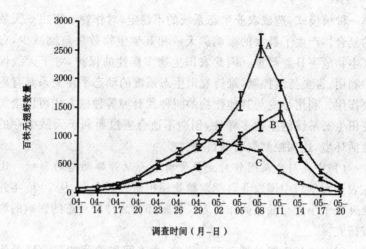

图 4-11 麦长管蚜无翅蚜的在不同间作方式下的种群动态

（王万磊等,2008）

A. 单作小麦 B. 小麦—大蒜间作 C. 小麦—油菜间作

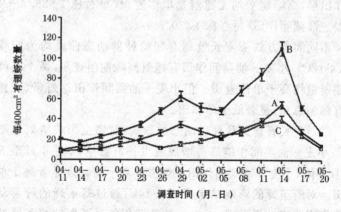

图 4-12C 麦长管蚜有翅蚜的在不同间作方式下的种群动态

（王万磊等,2008）

A. 单作小麦 B. 小麦—大蒜间作 C. 小麦—油菜间作

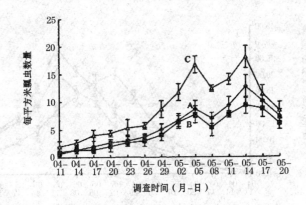

图 4-13C　瓢虫在不同间作方式下的种群动态

（王万磊等，2008）

A. 单作小麦　B. 小麦—大蒜间作　C. 小麦—油菜间作

蚜及其天敌的影响，结果发现小麦与油菜间作田（记作 8-2 间作和 8-4 间作）麦长管蚜无翅蚜和有翅蚜的数量均显著低于小麦单作田。小麦间作油菜能起到保存自然天敌的作用，与小麦单作田相比，麦油间作田中有更多的捕食性天敌和寄生性天敌。在不同小麦品种间，低感品种红芒红上无翅蚜和有翅蚜数量最高，而高抗品种 KOK 和低抗品种小白冬麦上无翅蚜和有翅蚜数量均较低。但 KOK 上捕食性天敌和寄生性天敌数量在 4 个品种中最低。4个小麦品种间，红芒红和小白冬麦上蚜茧蜂数量显著高于 KOK 和 JP1。对于瓢虫种群来说，红芒红上种群数量最高，小白冬麦和 JP1 间差异不显著但都显著高于 KOK。食蚜蝇幼虫数量在 4 个小麦品种间差异均不显著。主要结论为，部分抗性的小麦品种与油菜间作能更好地起到保护利用自然天敌、压制麦蚜种群数量的作用。

　　（2）小麦与大蒜间作对麦长管蚜和天敌种群动态的影响　山东农业大学与中国农业科学院植物保护研究所合作，在开展了小

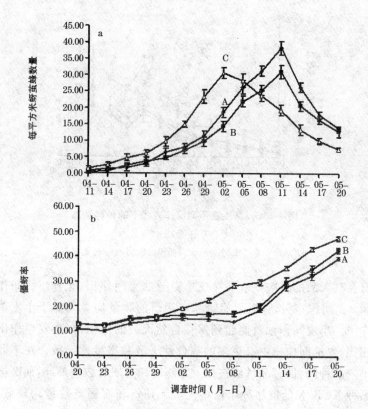

图 4-14　不同间作方式下蚜茧蜂和麦长管蚜
僵蚜率（反正旋转换）的动态变化

（王万磊等，2008）

A. 单作小麦　B. 小麦—大蒜间作　C. 小麦—油菜间作

麦与油菜间作对麦长管蚜和天敌种群动态的影响的调查研究的同时，还设计试验比较小麦与大蒜间作对麦长管蚜和天敌种群动态的影响，研究结果见图 4-11B 至图 4-14B。

①对麦长管蚜种群动态的影响：小麦间作大蒜能显著降低麦长管蚜无翅蚜种群数量。在整个调查期内，在小麦—大蒜间作田

中麦长管蚜无翅蚜平均数量显著低于单作麦田;无翅蚜高峰期出现比单作田、小麦—油菜间作田晚,高峰期平均无翅蚜量单作麦田(每百株 2583.7 头)＞小麦—大蒜间作田(每百株 1430.3 头)＞小麦—油菜间作田(每百株 954.7 头)。在整个调查期间,有翅蚜平均数量小麦—大蒜间作田(110.0 头)显著高于单作麦田(54.7 头)和小麦—油菜间作田(40.3 头)。但高峰期总蚜量单作＞小麦—大蒜间作＞小麦—油菜间作。

②对麦长管蚜天敌种群动态的影响:瓢虫数量在小麦—大蒜间作田与单作麦田之间无明显差异。小麦—大蒜间作田寄生蜂种群动态变化趋势与单作田基本一致,但种群数量低于单作田;麦长管蚜僵蚜率高于单作田,但低于小麦—油菜间作田。

通过比较研究发现,小麦—油菜间作、小麦—大蒜间作均能对麦长管蚜起到较好的控制作用,以小麦—油菜间作效果更好。

(3)小麦与绿豆间作对麦长管蚜及其主要天敌的种群动态的影响　中国农业科学院植物保护研究所在河北廊坊试验基地,调查研究了小麦单作、小麦—绿豆间作(以绿豆与小麦的行数),绿豆和小麦分别以 2∶2、2∶4、2∶6、2∶8 行间作(分别记作 2-2 间作、2-4 间作、2-6 间作、2-8 间作)种植模式下的麦长管蚜及其主要天敌(瓢虫、蚜茧蜂)的时序动态。结果表明:单作小麦及小麦与绿豆不同间作方式间作麦长管蚜及其主要天敌的动态变化趋势基本一致;但不同种植方式对蚜虫及其主要天敌种群数量的调控作用不同。麦长管蚜无翅蚜发生高峰期,不同处理的百株蚜量间存在差异:单作小麦＞2-4 间作＞2-2 间作＞2-8 间作＞2-6 间作;单作小麦田显著高于其他间作处理,并且与 2-8 间作和 2-6 间作差异极显著。单作小麦在所有调查日期无翅蚜总量也最高,但与 2-2 间作和 2-4 间作差异不显著,与 2-6 间作差异极显著,但 2-6 间作和2-8 间作差异不显著。有翅蚜发生高峰期蚜量:间作处理的蚜量显著低于小麦单作田,并且 2-4 间作和 2-6 间作蚜量最低,两者差异不显著。所有调查日期有翅蚜总量中小麦单作最高,但与2-8间作、2-2间作差异不显著,与2-4间作、2-6间作差异显著,并且2-6间作显著低于其他各处理。在天敌方面,所有间作处理瓢虫总量极显著地高于小麦单作,2-6间作瓢虫总量最高,与其他处理差异显著,但其他各处理之间差异不显著。蚜茧蜂发生高峰期,小麦单作与2-2间作蚜茧蜂数量最低,两者差异不显著,但小麦单作与其他3个处理差异显著。

总之,小麦与绿豆间作不但能有效降低麦长管蚜种群数量,而且能增加其优势天敌数量。同时,不同处理对麦长管蚜和天敌种群数量的影响也不同,所以选择合理的间作方式(如绿豆和小麦采用2∶6行数间作),增加麦田生物多样性,可有效控制麦长管蚜种群的增长。

(4)小麦与豌豆间作对麦长管蚜和天敌种群动态的影响 中国农业科学院植物保护研究所在河北廊坊试验基地,调查研究了豌豆与小麦分别以2∶2、2∶4、2∶6、2∶8行数间作的种植模式对麦长管蚜种群数量的时序动态和小麦产量的影响,同时也分析了麦田主要天敌种群数量的时序动态、丰富度、多样性指数及均匀度的变化。结果表明,在麦长管蚜发生期,小麦间作田麦长管蚜无翅蚜、有翅蚜的种群密度均显著低于单作田,其优势天敌瓢虫和蚜茧蜂也有较高的种群密度。间作田中,天敌群落的丰富度明显提高(即 Shannon-Wiener 指数),多样性指数增加,但均匀度下降。小麦和豌豆间作能显著提高单位面积产量,增产效果因不同模式有所差异,提高幅度在 17%～31% 之间,且土地当量比(LER)随着小麦组分比例的增加而变大。从总体情况来看,豌豆与小麦以2∶8比例行间作模式的优势最为明显。

为了直观表达不同间作模式麦长管蚜分布格局的变化,采用基于 GIS 的 Kriging 插值方法模拟种群变化。如图 4-15 所示:起初麦长管蚜主要分布在麦田的周围,逐步向麦田中部扩散;在麦长管蚜发生的高峰期,形成了许多聚集中心,主要集中在小麦单作小区中,少量集中在 2-2,4-2 间作模式小区,且小麦单作的蚜量极显著高于其他间作模式。

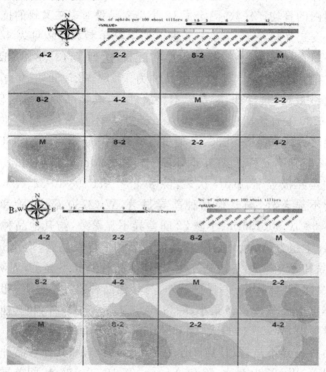

图 4-15　利用 GIS Kriging 插值方式模拟的麦长管蚜

田间高峰期种群空间分布　(周海波等,2009)

A. 2008 年　B. 2009 年

(二)麦二叉蚜

不同小麦品种对麦二叉蚜抗性存在差异。胡想顺等(2007)应用人工接蚜方法,在每株麦苗上接 1 头蚜虫,在温室内用 5 个指标(发育历期、成虫与幼虫的体重差、成虫在与发育历期相等时间内的产仔数、相对日均体重增长量 MRGR 和成虫在与发育历期相等时间内的日均产仔数)测定了 10 个小麦品种对麦二叉蚜的抗性。

麦二叉蚜在 10 个小麦品种上的生物学参数比较见表 4-9:麦二叉蚜在 Amigo 上的若蚜死亡率最高,达到了 43.33% ,186tm 次之,为 33.33% 。其他 8 个品种为 17.24～27.59 。发育历期 Amigo 最长,除与 Batis 差异不显著外,与其他品种均差异显著,Ww2730 发育历期最短,除和 Astron 差异不显著外,和其他差异均显著。Batis、98-10-30、小偃 22、186tm、Xanthus、98-10-35、98-10-32 差异不显著,处在中间水平;体重差 Amigo 最小,和其他各品种差异极显著,Batis 次之,除和 98-10-35、98-10-32、Xan-thus 差异不显著外,与其他品种差异显著,Ww2730 最大,除和 As-tron、98-10-30、186tm、小偃 22 间差异不显著外,与其他品种差异显著;生殖力 Amigo 最小,和其他各品种差异极显著,Xanthus 次之,除和 Ww2730 差异显著外,与其他品种差异不显著,Ww2730 最大,除和 Xanthus 差异显著外,与其他品种差异不显著;相对日均体重增长率 Amigo 最小,除和 Batis 差异不显著外,和其他品种差异显著,Ww2730 最大,除和 Amigo、Batis 间差异显著外,与其他品种差异不显著;日均产仔数 Amigo 最小,和其他各品种差异极显著,Ww2730 最大,除和 Astron、98-10-30、186tm 间差异不显著外,与其他品种差异显著,小偃 22、98-10-35、98-10-32、Batis、Xanthus 和 186tm 间差异不显著,处在中间水平。

(三)禾谷缢管蚜

小麦品种不同、形态特征不同,禾谷缢管蚜对其反应也不尽相同。周福才等(1998)通过 9 个小麦品种的株高、旗叶长、旗叶宽、叶角、叶片刺密度、芒长、叶色和穗密度等形态特征与对抗禾谷缢

表 4-9 麦二叉蚜在 10 个小麦品种上的生物学参数比较及单因素方差分析
（胡想顺等，2007）

品种（系）	样本量/个	若蚜死亡率%	发育历期/天	体重差/微克	生殖力(F)	相对日均体重增长率%	日均产仔数(Rm)/头
Amigo	17	43.33	(12.65±4.02)aA	(138.94±83.56)aA	(13.12±10.82)aA	(0.1794±0.091)aA	(1.21±1.14)aA
Batis	24	17.24	(11.83±2.42)abAB	(194.13±104.09)bB	(25.79±12.24)bcB	(0.2100±0.0826)abAB	(2.40±1.31)bB
98-10-32	23	17.86	(11.10±3.40)bAB	(208.64±102.40)bB	(25.12±11.34)bcB	(0.2344±0.088)bcB	(2.46±1.24)bcB
98-10-35	22	21.43	(10.89±2.87)bAB	(207.39±88.36)bB	(26.13±10.24)bcB	(0.2386±0.084)bcB	(2.50±1.04)bcB
Xanthus	24	17.24	(10.82±3.04)bB	(232.48±105.24)bcBC	(23.64±12.17)bB	(0.2479±0.0846)bcB	(2.35±1.33)bB
小偃22	23	17.86	(10.54±3.14)bB	(263.13±110.00)cdCD	(25.46±11.81)bcB	(0.2670±0.090)cB	(2.59±1.33)bcB
186tm	20	33.33	(10.69±2.72)bB	(249.33±96.92)cdCD	(28.67±9.87)bcB	(0.2648±0.0847)cB	(2.79±1.09)bcdBC
98-10-30	21	27.59	(10.41±2.55)bB	(254.14±97.91)cdCD	(28.50±9.62)bcB	(0.2665±0.081)cB	(2.83±1.07)cdBC
Astron	21	27.59	(10.17±2.47)cB	(246.10±99.73)cdCD	(29.00±9.82)bcB	(0.2660±0.889)cB	(2.92±1.08)cdC
Ww2730	22	21.14	(10.11±2.40)cD	(278.70±110.32)dD	(32.30±9.21)cB	(0.2744±0.865)cB	(3.28±1.077)dc

注：表中数据是平均值±标准差，大写字母表示 $SSR_{0.01}$ 水平差异显著，小写字母表示 $SSR_{0.05}$ 水平差异显著

管蚜关系的研究,发现在禾谷缢管蚜整个发生期小麦株高与抗蚜性呈极显著的负相关,叶片刺密度和穗密度与小麦抗蚜性呈显著正相关;蚜虫高峰期旗叶的宽度和长×宽与抗蚜性呈显著正相关;蚜虫始盛和高峰期的叶角与抗蚜性呈显著正相关;旗叶长、叶色和芒长与抗性无明显相关。

七、大气 CO_2 浓度升高的影响

全球气候变化引起国内外的极大关注,其中大气 CO_2 浓度增加被认为是导致全球变暖的罪魁祸首,也强烈地影响农林生态系统。中国科学院动物研究所专家利用一系列密闭式 CO_2 气室和开顶式 CO_2 浓度控制箱,模拟现在大气 CO_2 浓度 375 微升/升(为对照),升高到 550 微升/升,750 微升/升时对小麦—麦蚜互作体系的影响。

(一)小麦对大气 CO_2 浓度升高的响应

模拟大气 CO_2 浓度变化,对小麦形态、生理、生物量、产量,以及营养物质和次生物质含量具有显著的影响。大气中 CO_2 浓度的升高在促进小麦生长、提高其光合作用和碳水化合物积累的同时,也影响到其组织内营养物质和次生物质含量的变化,进而影响小麦品质。

随着 CO_2 浓度的增加,春、冬小麦的株高显著增加;春、冬小麦的单株叶面积(即光合作用指标)显著增加;春、冬小麦的茎、叶、穗及整个地上部分组织鲜重及干重不同程度的显著增加。CO_2 浓度的变化,对春小麦和冬小麦的产量因素具有不同程度的影响:对春小麦而言,随着 CO_2 浓度的升高,春小麦穗长、单穗麦粒数显著增加,但千粒重却显著降低;对冬小麦而言,随着 CO_2 浓度的升高,不仅穗长、单穗麦粒数显著增加,而且千粒重也显著增加。大气中

CO_2浓度的变化显著影响麦穗中总糖和总氮含量,随着大气中CO_2浓度的增加,春麦穗中葡萄糖、二糖、多糖、总糖及总糖与总氮的比值均显著增加,但果糖、三糖和总氮含量则显著降低;淀粉、蔗糖、游离氨基酸和可溶性蛋白含量都显著增加。大气中CO_2浓度的增加,可显著提高冬小麦穗内色单宁酸和总酚含量,但对类黄酮物质含量影响不大。

(二)麦蚜对大气 CO_2 浓度升高的响应

大气中CO_2浓度的变化对麦蚜的寄主植物即春、冬小麦的营养和防御物质的改变,就势必影响麦蚜的生长、发育和繁殖,以及种群消长。

由图 4-16、图 4-17 可知:随着 CO_2浓度的增加,麦长管蚜的繁殖期提前、繁殖力提高,有翅蚜数量下降,外迁的有翅蚜增多,但单株评价总蚜量增加,表明高 CO_2浓度有利麦长管蚜的发生和危害。

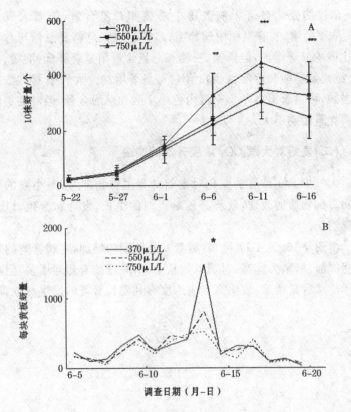

图 4-16　大气 CO_2 浓度升高对危害春小麦的麦长管蚜种群动态的影响

（戈峰等，2010）

A. 当地的发生种群动态　B. 外迁的种群动态

"＊"和"＊＊"指经单因子方差分析 CO_2 对种群动态的影响显著性

（$P < 0.05$ 和 $P < 0.01$）。处理间多重比较采用新复极差检验。

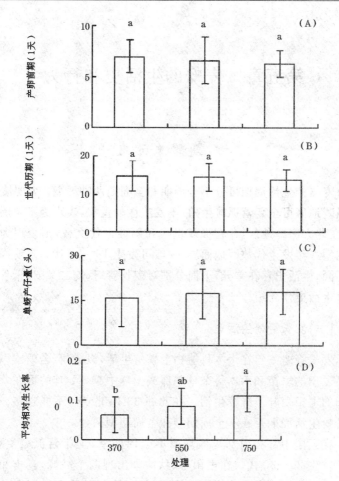

图 4-17　不同 CO_2 浓度处理中麦长管蚜种群的生长发育状况

（戈峰等，2010）

A. 产仔前期　B. 世代历期　C. 单雌产仔量　D. 平均相对生长率

字母不同表示处理间差异显著（新复极差检验，$P < 0.05$）。

第五章 麦蚜的生活史和行为

一、麦蚜生活史

　　麦蚜的生活周期可分不全周期和全周期两种类型。常见麦蚜在温暖地区可全年营孤雌生殖，不发生性蚜世代，表现为不全周期型；在北方寒冷地区，存在孤雌世代和两性世代交替，则表现为全周期型。年发生代数因地而异，一般可发生 18～30 代。麦蚜因种类不同，生活史存在差异，下面分别对麦长管蚜、麦二叉蚜、禾谷缢管蚜生活史作介绍。

(一)麦长管蚜生活史

　　麦长管蚜终年在禾本科植物上繁殖生活，以成蚜、若蚜或以卵在冬麦田的麦苗和禾本科杂草基部或土缝中越冬，有的可在背风向阳的麦田麦叶上继续生活。在北纬 33°以北麦区不能越冬。麦长管蚜生活周期存在不全周期型和全周期型两种。

　　在我国中部和南部麦区均属不全周期型，全年营孤雌生殖，一年发生 20～30 代。在麦田春、秋两季出现两个高峰，夏季和冬季蚜量少。秋季冬麦出苗后从夏寄主上迁入麦田进行短暂的繁殖，出现小高峰，危害不重。11 月中下旬后，随气温下降开始越冬。春季返青后，气温高于 6℃开始繁殖，低于 15℃繁殖率不高，气温高于 16℃，麦苗抽穗时转移至穗部，虫田数量迅速上升，直到灌浆和乳熟期蚜量达高峰，气温高于 25℃，产生大量有翅蚜，迁飞到冷凉地带越夏。夏季高温季节在山区或高海拔的阴凉地区麦类自生苗或禾本科杂草上生活。

在我国北方部分地区属全周期型,一年发生 18～20 代,在北方春麦区或早播冬麦区常产生孤雌胎生世代和两性卵生世代,世代交替。在这个地区多于 9 月迁入冬麦田,10 月上旬旬均温 14℃～16℃进入发生盛期。一般 9 月底出现两性蚜,交配后 10 月中旬开始产卵,11 月中旬旬均温 4℃进入产卵盛期,并以此卵越冬。翌年 3 月中旬进入越冬卵孵化盛期,历时 1 个月,卵孵化成干母,干母产生有翅和无翅孤雌蚜后代。有记载在宁夏、甘肃、河南等地均可产卵越冬;一般越冬成、若蚜并非真正进入越冬状态,遇温暖的晴天则在麦苗或杂草上活动,直接恢复危害和繁殖。在杂草上的越冬蚜,繁殖 1～2 代后产生有翅蚜迁至麦田。春季先在冬小麦上危害,4 月中旬开始迁移到春麦上,无论春麦还是冬麦,到了穗期即进入危害高峰期。随着气温的上升和小麦的生长发育不断进行孤雌生殖,扩大种群。麦长管蚜在小麦灌浆乳熟期是繁殖高峰期。6 月中旬,小麦蜡熟期,大量产生有翅蚜,陆续飞离麦田,迁至冷凉地区越夏,在其他禾本科植物上或自生麦苗上继续危害和繁殖。秋播麦苗出土后,大部分麦蚜又开始迁回冬麦苗上危害。

(二)麦二叉蚜生活史

麦二叉蚜终年在禾本科植物上繁殖生活。以成蚜、若蚜或卵在冬麦田的麦苗和禾本科杂草基部或土缝中越冬。麦二叉蚜生活周期存在不全周期型和全周期型两种。在我国中部和南部麦区属不全周期型,全年营孤雌生殖,一年发生 20～30 代,最多达 33 代,具体代数因地而异。在北方部分地区属全周期型,一年发生 20～22 代,出现两性世代。在甘肃、山东、宁夏等地均可产卵越冬。在冬春麦混种区和早播冬麦田,一般 10 月中下旬出现性蚜交尾,11 月上旬以卵在冬麦田残茬上越冬。翌年 3 月上中旬越冬卵孵化,在冬麦上以无翅胎生雌蚜繁殖几代后,4 月中旬有些迁入到春麦上。5月上中旬、当小麦进入拔节至孕穗期,麦二叉蚜大量繁殖,出现危害高峰期,并可引起黄矮病流行。小麦蜡熟期,大量产生有翅蚜,陆续飞离麦田,迁至其他禾本科植物上继续危害和繁殖,并在其上或自生麦苗上越夏。秋播麦苗出土后,麦二叉蚜又开始迁回冬麦苗上危害,3叶期至分蘖期出现一个小高峰。

(三)禾谷缢管蚜生活史

禾谷缢管蚜生活周期存在不全周期型和全周期型两种。从北到南一年发生10~20余代,具体代数因地而异。禾谷缢管蚜在我国北方地区为异寄主全周期型,春、夏季均在禾本科植物上生活和以孤雌胎生方式进行繁殖,小麦灌浆期是全年繁殖高峰期。禾谷缢管蚜全周期型生活史如图5-1所示;秋末,在桃、杏、李和稠李等木本植物上产生雌雄两性蚜交尾产卵,以卵越冬。在我国北方地区以卵越冬,越冬卵春季孵化为干母,干母产生无翅型蚜即干雌,然后形成有翅型侨迁蚜,由原寄主转移到麦类作物或禾本科等杂草上生存和繁殖。越冬卵的孵化起点温度为4℃左右。在南方地区,为不全周期型,以胎生雌蚜的成、若虫越冬。分布区内一般于翌春3月上旬开始活动,在小麦上繁殖数代,小麦黄熟期,迁至春播玉米、高粱等早秋作物及燕麦草、雀麦等杂草上,而后危害夏播玉米,或在自生麦苗上生活。秋季小麦出苗后,又迁回小麦上危害并越冬。耐高温,1月份月均温-2℃的地区不能越冬。不仅能直接危害禾谷类作物,传播大麦黄矮病毒病,还能传播另外一种小麦病毒病即雨锈病(黄叶病)。

二、麦蚜的趋性

趋性是昆虫对某种刺激做定向(趋向和背向)的活动特性。麦蚜具有明显的趋光性和趋化性,即麦蚜对黄色具有明显的趋性,并

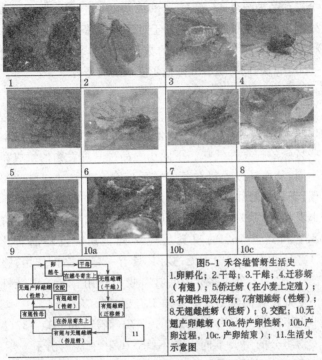

图5-1 禾谷缢管蚜生活史

1.卵孵化；2.干母；3.干雌；4.迁移蚜（有翅）；5.侨迁蚜（在小麦上定殖）；6.有翅性母及仔蚜；7.有翅雄蚜（性蚜）；8.无翅雌性蚜（性蚜）；9.交配；10.无翅产卵雌蚜（10a.待产卵性蚜，10b.产卵过程，10c.产卵结束）；11.生活史示意图

对小麦植株等一些特殊的挥发物具有趋性。

(一)趋光性

麦蚜对黄色具有很强的趋性。利用此习性制作黄板，用于诱集麦蚜，检测早期有翅蚜虫迁入麦田的时间、发生消长规律；并制作蚜虫计数器、用于麦田蚜虫自动计数。例如，2006年5～6月份小麦生长季节，利用黄板诱集的方法有效地监测麦长管蚜有翅蚜的迁入动态和田间的发生动态，并根据诱虫板在麦田不同设置部位和方向，结合风速风向数据查询，发现5月初蚜量高峰空间分布与南风具有相关性。利用黄色粘虫板对麦蚜进行诱杀和种群控制。例如，2009～2010年5月在四川省绵阳市利用黄色粘虫板诱杀技术对小

麦 3 个主产品种绵麦 42、绵麦 44 和绵杂 168 进行田间试验：黄色粘虫板处理田的蚜虫种群密度均低于对照田；麦蚜发生的高峰期，在 3 个品种间黄色粘虫板诱杀蚜虫的数量没有显著差异，诱杀蚜量在 450～550 头/块，同时也有效降低了麦田的有蚜株率。

（二）趋 化 性

1. 麦蚜对植源挥发性信息化合物反应 麦蚜能感知小麦植株一些特殊的挥发性气味。不同小麦品种其挥发物的组成和活性组分不同，从而导致麦蚜对其嗅觉反应存在差异。刘勇（2001）研究发现，麦长管蚜和禾谷缢管蚜的有翅和无翅成蚜对 7 种不同抗性的小麦品种（系）中 4 无芒、KOK-1679、L1、小白冬麦、红芒红、北京 837 和铭贤 169 的嗅觉反应不同。其中抗蚜品种 KOK-1679、L1、小白冬麦和中 4 无芒对其具有一定的驱拒作用；感蚜品种红芒红、北京 837 和铭贤 169 具有吸引作用。禾谷缢管蚜无翅蚜对小麦挥发物的嗅觉反应多强于有翅蚜。

小麦不同抗蚜品种（系）KOK-1679（高抗）和北京 837（感蚜）的挥发物组分的主要不同点是 KOK-1679 中鉴定出了 6-甲基-5-庚烯-2-醇和水杨酸甲酯，北京 837 中鉴定出了丁酸-顺-3-己烯酯、2-莰酮和萘。感蚜品种北京 837 的无蚜和有蚜植株挥发物组分差异很大：有蚜植株鉴定多出了 2-莰烯、6-甲基-5-庚烯-2-酮、6-甲基-5-庚烯-2-醇和水杨酸甲酯；从相对含量看，有蚜植株反-2-己烯醛和苯甲醛有较大提高。

利用 Y 形管方法测定上述蚜虫诱导挥发物对蚜虫的行为反应。蚜害诱导挥发物中有 3 种化合物（6-甲基-5-庚烯-2-酮、6-甲基-5-庚烯-2-醇和水杨酸甲酯）对此两种蚜虫表现出强的驱拒作用；反-2-己烯醛对麦长管蚜的有翅和无翅蚜的吸引作用最强；反-2-己烯醇对禾谷缢管蚜的无翅蚜吸引作用最大，反-3-己酰醋酸酯对禾谷缢管蚜有翅蚜的吸引作用最强。

采用活体蚜虫测定法,分析了麦长管蚜和禾谷缢管蚜有翅及无翅成蚜对小麦挥发物及麦蚜取食诱导挥发物组分的嗅觉反应,麦长管蚜对水杨酸甲酯、反-2-己烯醛、反-2-己烯醇、6-甲基-5-庚烯-2-酮和 6-甲基-5-庚烯-2-醇的反应较强,禾谷缢管蚜对水杨酸甲酯、反-3-己酰醋酸酯、6-甲基-5-庚烯-2-酮和 6-甲基-5-庚烯-2-醇的反应较强。

麦长管蚜的有翅和无翅成蚜对 6-甲基-5-庚烯-2-酮、反-2-己烯醇和水杨酸甲酯的反应差异显著;禾谷缢管蚜的有翅和无翅成蚜对反-2-己烯醇、辛醛、里那醇、水杨酸甲酯和反-3-己酰醋酸酯的EAG 反应差异显著,其原因可能与禾谷缢管蚜迁移及转主危害的生物学特性有关。

2. 麦蚜嗅觉的生理基础　麦蚜的触角是其嗅觉感受器官,其上分布有许多原生感觉圈和次生感觉圈。原生感觉圈在若蚜和成蚜触角中均有分布,次生感觉圈只存在于成蚜触角中,并以有翅蚜居多。关于麦蚜原生感觉圈与次生感觉圈的功能,有人测定了麦长管蚜、禾谷缢管蚜的有翅孤雌蚜触角端部原生感觉圈可感受水杨酸甲酯的刺激。蚜虫的原生感觉圈可对植物源挥发物、蚜虫报警信息素(反-β-法尼烯,EβF)的刺激产生反应,次生感觉圈主要对蚜虫性信息素假荆芥内酮(nepetalactone)和假荆芥内醇(nepeta- lactol)的刺激产生反应,但也可对植物挥发物的刺激产生反应。

3. 麦蚜嗅觉反应的分子机制　嗅觉系统的功能在于探测、识别和传递环境中的气味信息,并引起一定的行为反应。昆虫对一系列挥发物如性信息素、报警信息素、追踪信息素、植物挥发物、寄主信号物等感受机制研究主要在昆虫嗅觉分子机制方面,包括的分子识别、嗅觉信号传导以及加工、处理等昆虫嗅觉信号转导途径。例如 G 蛋白偶联的昆虫嗅觉信号途径示意图如图 5-2 所示:首先外界的气味分子(odor)穿过昆虫触角细胞表皮,与淋巴液中的气味结合蛋白(odorant binding protein,OBP)结合,经运送至位于细胞膜上的气味受体(ORx),激活受体与异源三聚体 G 蛋白的 亚基的 Gq 类蛋白,以 G 蛋白解离亚基 Gq 为传导物,活化相应酶腺苷酸环化酶(adenylyl cyclase)、磷脂酶 C(phospholipase, C)和离子通道,进一步活化下游的效应器(effector),产生重要的第二信使,从而引起胞内相应的生物反应。

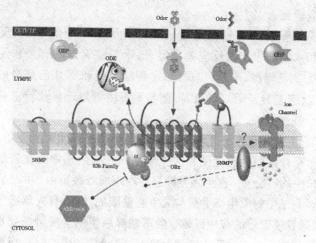

图 5-2 昆虫嗅觉信号转导途径

在麦蚜嗅觉信号转导分子机制上已有一些初步研究结果,主要包括发现蚜虫报警激素 EβF 特异结合的气味结合蛋白为 DBP3;克隆得到嗅觉跨膜受体 Or83b 基因及 Orco 基因,并初步验证其功能。

三、麦蚜取食行为与传毒

(一)麦蚜取食行为

1. 麦蚜属刺吸式口器害虫 这类昆虫取食方式是利用口针

从植物的表皮细胞和薄壁细胞之间刺入韧皮部的筛管中,吸食植物韧皮部筛管单细胞或木质部汁液。蚜虫的特殊取食方式使植物承受最小的机械伤害。正因为蚜虫具有独特的取食特性,它们能够享受独特的植物资源,甚至能将韧皮部的营养消耗殆尽,严重影响作物生长发育,降低作物产量和质量。

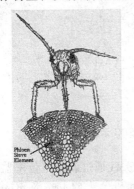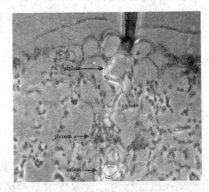

图 5-3　蚜虫口针通向韧皮部取食的隧道

(左:模式图,右:电镜照片)

2. 麦蚜取食行为特点和 EPG 技术　麦蚜由于个体微小,其取食是将口针插入植物组织内部,同时分泌唾液,一种为水溶性唾液,主要是抵御寄主植物的防御反应;另一种为脂溶性唾液,硬化形成口针鞘,成为蚜虫口针通向韧皮部取食的隧道如图 5-3 所示。从韧皮部内吸食汁液,很难用肉眼直观地观察其取食行为过程。因此,这类昆虫取食行为研究必须借助人工饲料,口针路径的组织学,以及电子监测技术即蚜虫刺吸电位技术—EPG(Electrical Penetration Graph)。EPG 技术是通过刺探电位波型将蚜虫口针尖端的活动方式和植物组织内部的信息建立联系,是研究小麦本身抗虫性机制、转基因小麦抗蚜效果,蚜虫对寄主植物的选择,以及评价植物次生物质、外源毒蛋白等对蚜虫取食行为影响的理想工具。

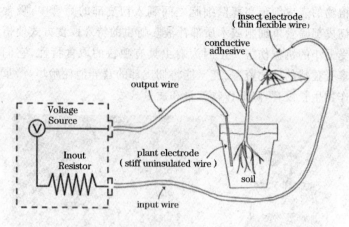

图 5-4　蚜虫刺吸电位技术 EPG 示意图

　　从 20 世纪 80 年代初期，人们就非常关注通过刺吸电位来监测蚜虫的刺探取食行为。这项技术是美国加州大学 Mclean & Kinsey (1964)发明的，被后人称之为 EPG 技术，后经不断被改进和完善，形成交流电型和直流电型刺吸电位仪（AC-EPG、DC-EPG）用于麦蚜的取食行为研究。该技术如图 5-4 所示，其基本原理是：用 3～5 厘米长的银丝（直径 0.025 毫米）一端用导电银胶（美国产）粘在蚜虫体背，另一端与放大器的探头相连，将蚜虫置于盆栽的小麦苗任其取食，植物电极为细铜丝，插于小麦盆中。当蚜虫将口针插入植物组织时，整个电路连成闭合回路。蚜虫口针顶端达到植物组织不同部位，所产生的电信号不同，因此蚜虫在植物组织内取食行为通过电信号被记录下来。通过刺探电位波型识辨将蚜虫口针尖端的活动方式和植物组织内部的信息联系起来。

　　EPG 波型特征及生物学意义：刺吸式昆虫取食的全过程中有 7 种基本波型，分别为昆虫在植物表皮（A）、薄壁细胞（B）、韧皮部筛管细胞（E）、木质部（G）以及刺探过程的机械障碍（F），胞内穿刺（Pd，R-pd），蜜露分泌（H）和取食过程的产仔行为（Ovi）。波型特点及变异方式见表 5-1,图 5-5。

表 5-1 EPG 波型特征及生物学意义一览表

EPG 波型	特 征				引自 *
	频率(Hz)	电压水平	植物组织	蚜虫活动	
A	5～10	e	表皮层	口针接触植物表面电路导通	[1]
B	0.2～0.3	e	表皮/叶肉	形成唾液鞘	[1]
C	混杂(A+B)	e	任何组织	口针在组织间活动路径	[1]
Pd	0.02	i	任何活细胞	口针尖端在细胞内穿刺	[1]
E1	2～7	e	韧皮部筛管	分泌唾液	[1]
E2 w	4～9	i	韧皮部筛管	(水溶性)唾液分泌	[1]
p	0.5～4	i	韧皮部筛管	(被动)吸食	[1]
F	11～19	e	任何组织	口针机械障碍	[2]
G	4～9	e	木质部	主动吸食(水)	[1]
Ovi I		e/i	任何组织	产卵器接触并划破叶片表面	[3]
II		e/i	任何组织	卵柄插入叶组织	[3]
H	3～8	i	韧皮部筛管	口针在韧皮部取食,相当于 Epd 伴随有蜜露分泌	[2]

*[1] Tjallingii,1990;[2]Prado et al. , 1999;[3]Lei et al. , 1998,1999

麦蚜在不同小麦品种上取食行为通过 EPG 技术检测可以看出,不同蚜虫在不同品种上存在显著差异。麦长管蚜和禾谷缢管蚜在中 4 无芒、JP、885749-2、红芒红、KOK-1679、郑州 831、铭贤169(对照)等 7 个不同抗性品种的取食波型(表 5-2)。除 F 波出现几率较少外,其余的波型在所有参试品种上均存在。在感蚜品种上经过一段时间 C 波后,便进入取食波(E、G)阶段;但在抗蚜品种上常出现不规则波型或 C 波重复且历期长。一般 E_1 波常出现在 E_2 波之前,表明麦蚜口针到达韧皮部筛管细胞时,总是先分泌水溶性唾液,E_2 波则反映蚜虫被动吸食韧皮部筛管中汁液。Kimmis 等(1985)组织学研究结果表明,E 波持续时间长于 8min

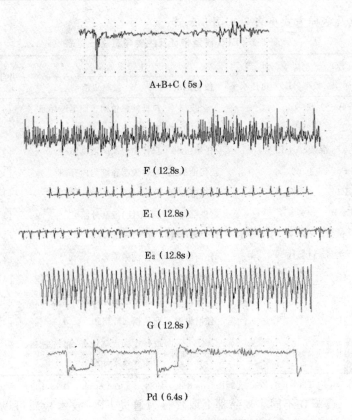

A+B+C（5s）

F（12.8s）

E_1（12.8s）

E_2（12.8s）

G（12.8s）

Pd（6.4s）

图 5-5　麦长管蚜与禾谷缢管蚜取食的特征波型

蚜虫口针顶端即位于筛管内,因而长于 8min 的 E 波次数代表在韧皮部取食的次数。波型 G 则反映口针在木质部吸食(如水等)过程,常伴随蚜虫的饥饿和脱水程度的增大而变长。已有研究大多数是比较抗感品种的波型差异,E_2 波所占比例小和非刺探行为 np 波型所占比例大是抗蚜的重要标志。

　　为了检测不同抗蚜次生物质对蚜虫取食行为的影响,可以将这些物质定量添加到蚜虫人工中,将蚜虫置于含有人工饲料的石蜡膜上任其取食,植物电极为细铜丝,插于双层石蜡膜之间的饲料中。研究发现,人工饲料中的取食波型相对较简单,可记录到非刺探波型 np,刺探波 C,分泌唾液的波型 E_1 和被动取食的波型 E_2。目前已检测了单宁酸、没食子酸、丁布、小麦类黄酮等次生物质,转基因产物如植物凝集素、毒蛋白对麦蚜取食行为的影响。也有利用 EPG 技术研究内吸式杀虫剂、化学诱导剂对麦蚜的作用机理。

3. 麦蚜唾液分泌　麦蚜在取食植物过程中,口针在植物细胞中穿行的同时,伴随唾液的分泌。刺吸式口器昆虫(如蚜虫和粉虱)分泌的唾液分为两类:一种是由蛋白质、磷酸脂类及共轭的碳水化合物构成,分泌后很快凝结,形成的口针鞘,口针在其中移动,目前还不清楚口针鞘的成分在昆虫与植物互作中是否起作用;另一种是在取食前和取食过程中分泌的,有消化作用的水溶性唾液。水溶性唾液里的成分较前者复杂得多,其中含有多种酶类,主要包括果胶酶、多酚氧化酶、纤维素酶等,它们在蚜虫的取食、消化、代谢与自身解毒过程中起着非常重要的作用。已有研究表明,蚜虫水溶性唾液中酶类物质与植物的防御反应密切相关,唾液中酶类可能有 3 个方面的功能:①唾液中果胶酶和纤维素酶降解细胞壁组织,使口针的穿刺变得更容易;②作为诱导植物产生间接防御反应的潜在诱导因子,使植物产生挥发物,以吸引天敌;③激活植物中的多酚氧化酶充当防御性抗营养蛋白(defensible anti-nutrient protein),使蚜虫消化不良或拒食,从而保护植物,减少危害。蚜虫取食含有蔗糖的食料后能正常分泌唾液,其组分与取食植物时相同。

表5-2 不同抗级小麦对麦蚜取食波型历期的影响

品种名称	NP%±SD	C%±SD	麦长管蚜			
			E_1%±SD	E_2%±SD	G%±SD	$E_1/(E_1+E_2)$%
中4无芒	30.21±17.81 abc ABC	34.05±14.33 ab	25.58±8.01 a A	5.44±2.25 cd BC	5.21±1.72 bc BC	82.46
Jp①	37.44±12.25 a A	28.09±13.67 ab	5.74±9.90 bc ABC	3.96±3.38 d C	14.25±6.90 b B	79.91
885749-2	23.18±24.88 bcd ABC	38.17±26.61 ab	18.8±11.55 ab AB	16.67±18.51 bc B	3.08±2.44 c C	52.97
红芒红	10.63±4.13 d C	23.58±3.85 ab	7.71±2.27 cd BC	52.11±9.29 a A	5.79±6.22 bc BC	12.89
koki1679	31.65±12.47 ab AB	35.58±10.56 ab	24.52±2.31 ab A	5.82±2.91 cd BC	9.42±5.26 bc BC	80.82
郑州831	14.81±8.28 cd BC	21.89±11.07 b	15.02±8.87 bc ABC	8.56±6.02 bcd BC	39.71±7.89 a A	63.69
CK	23.41±5.90 abcd ABC	39.18±8.75 a	6.49±8.66 d C	18.39±15.67 b B	12.53±6.71 b B	26.09
F值及显著性	3.84*	1.78 ns	6.77**	16.51***	13.98***	

Ma 等(2010)以室内麦苗上的麦长管蚜和麦二叉蚜为供试虫源,采用人工饲料饲养蚜虫,收集其唾液,运用生化手段分别对两种蚜虫唾液中的酶类进行鉴定,以及酶活力测定。结果表明,两种蚜虫唾液酶类和酶活力存在差异。其中,麦长管蚜唾液中含有多酚氧化酶、果胶甲酯酶、纤维素酶,每30头蚜虫唾液中的酶活力分别为:6.2×10^{-3} U/g、3.26×10^{-3} U/g、6.86×10^{-3} U/g。麦二叉蚜唾液中含有多酚氧化酶、多聚半乳糖醛酸酶、葡糖苷酶,每30头蚜虫唾液中的酶活力分别为:2.37×10^{-1} U/g、1.16×10^{-2} U/g、1.24×10^{-3} U/g。两种蚜虫唾液中均含有多酚氧化酶,而麦二叉蚜唾液中多酚氧化酶活力为麦长管蚜的38倍。由于氧化酶类能使小麦叶片发生氧化反应而导致小麦叶片发黄,所以初步推测麦二叉蚜取食小麦后麦叶上出现浅黄色斑点可能与该蚜唾液中多酚氧化酶的活力高有关。

(二) 人工食料

麦蚜人工饲料的研究始于20世纪70年代,利用豌豆蚜人工饲料配方加以改进,研究出氨基酸23种,维生素12种,无机盐及其他物质6种,蔗糖20%的配方,饲养三种禾谷类蚜,除玉米蚜 *Rhopalosiphum maidis* 可存活3周,麦长管蚜和禾谷缢管蚜一周内全死。继续改进的配方饲养结果蚜虫早期存活率高,但存活历期很短仅十几天,成蚜存活率低,乃至不能产仔繁殖。

中国农业科学院植物保护研究所,于2000年成功研制麦长管蚜人工饲料,发展了麦蚜的人工饲养技术。用双层石蜡膜(Para-film'M')夹营养液的方法饲养麦长管蚜、禾谷缢管蚜。经小麦植株的营养成分分析和反复试验,确定麦蚜全纯人工饲料配方,适宜的 pH 值为6.0,适宜糖浓度麦长管蚜为25%,禾谷缢管蚜为30%。对所选的基础饲料配方的氨基酸和维生素进行单一缺失试验结果,明确了两种蚜虫的必需的营养物质和非必需营养组分;通过全部剔除非营养组分后,研制成功了麦蚜全纯人工饲料,用其饲养麦长管蚜存活率及繁殖力与感蚜麦苗饲养结果差异不显著,可连续饲养 2～3 代,各项指标均超过国外同类研究先进水平。

在 2000 年研制的麦长管蚜的全纯人工饲料的基础上,针对人工饲料饲养种群繁殖力较低、继代饲养代数少等问题,考虑到麦长管蚜生长发育与生殖的营养特点,采用正交设计优化筛选适合麦长管蚜饲养的全纯人工饲料,最终得到适宜生长发育和生殖的两种优化的全纯饲料配方,基本突破了继代饲养的问题。

(三)麦蚜取食与传毒关系

1. 麦蚜的唾液分泌与传毒 蚜虫的取食方式和某些营养特性是蚜虫成为植物病毒重要媒介的决定性因素,与病毒病的流行也有着密切的关系。蚜虫以刺吸取食,它的两对口针的构造与它的取食特性密切相关。刺破植物组织用的上颚口针,从尖端以上的 $15\mu m$ 具有弯的隆起脊纹,这些脊纹可能是作为口针插入植物时固定位置用的,正是这些脊纹被认为是附着病毒的特殊构造。每一根上颚口针中都有一条空道,一直从上颚基部通到近尖端 $0.6\mu m$ 以内的地方,这就是在刺吸时用来识别寄主的;下颚口针彼此锁和,便于各自上下滑动,其内壁合成一根吸收汁液的食物道和一根分泌唾液的唾道。唾道基部直径为 $0.56\mu m$,末端仅 $0.07\mu m$。

口针刺入植物组织时,并非完全依赖肌肉活动,而是在开始的时候就要分泌唾液,分泌时间很短。由此可见,这类唾液不仅对蚜虫穿刺入植物组织有作用,而且还影响附着在口针上的病毒及其对植物体的侵入作用。刺吸式昆虫在取食时分泌的唾液加强了病毒粒子的释放和向植物细胞的运输,从而使植物受到感染。

开始吸食前,蚜虫还要分泌一种黏性的唾液,并很快在口针末端周围形成口针鞘(或称吻管鞘、唾液鞘)。口针鞘的存在可以用来确定蚜虫在植物中的取食部位,因为蚜虫的口针拔出后,口针鞘仍留在叶组织中,并与病毒的传播相关。

蚜虫从它口针穿刺的植物细胞获得完整病毒粒子是有可能的,但仅仅从这一个细胞能获得的病毒完整粒子,数量自然少得多,也许病毒要在蚜虫体内经过大量增殖方可成为终生持毒。蚜虫获毒后,无论是循回型的还是非循回型的病毒,病毒粒体在传毒前均要在口针中聚集,推测可能是唾液腺体中分泌的物质会促进蚜虫传毒复合体的分解,部分复合体直接被蚜虫回吐到植株上,从而造成植株发病。

2. 麦蚜的传毒特性和病毒的专化性

(1)麦蚜的传毒特性　目前,我国发现 5 种麦蚜能传播大麦黄矮病毒(barley yellow dwarf virus,BYDV),分别为麦长管蚜、麦二叉蚜、禾谷缢管蚜、麦无网长管蚜和玉米蚜,其中麦二叉蚜为最重要的传毒介体,我国小麦黄矮病毒病的严重流行主要是由麦二叉蚜的大发生与传播病毒引起的。

麦蚜能持久性传 BYDV。麦二叉蚜一龄若蚜,饲毒 24 小时后,连续转株接种,3~8 天内传毒概率最高,之后逐渐降低,有些蚜虫个体到 21 天转接仍有传毒能力,表明 BYDV 是一种持久性病毒。麦蚜个体不能终生传毒,如带毒母蚜产下的仔蚜(或卵)不带毒,但带毒若蚜的蜕皮不影响蚜虫传播病毒。

麦蚜饲毒的时间和温度对传毒效率均有影响。麦二叉蚜在病叶上饲毒 30 分钟即可获毒,带毒蚜在健康麦苗上吸食 5~10 分钟即能使健康苗感病。从蚜虫获毒到传毒的时间即循回期,一般为 12 小时左右。随着饲毒和接种时间的延长,传毒概率增加。麦二叉蚜最适宜的饲毒温度为 15℃、接种温度为 21℃。黑暗条件下饲毒较好。

(2)麦蚜传播病毒的专化性　大麦黄矮病毒病发生和流行,不仅与麦蚜和毒源数量密切相关,而且与大麦黄矮病毒(BYDV)株系类型密切相关。不同种麦蚜对 BYDV 传播存在专化性差异,这是麦蚜不同种与 BYDV 的不同株系之间互作造成的。美国的 BYDV 可分为五种株系,分别为禾谷缢管蚜专化性传播的 RPV、麦长管蚜专化性传播的 MAV、禾谷缢管蚜和麦长管蚜都能传播的非专化性的 PAV、玉米蚜专化性传播的 RMV、麦二叉蚜专化性传播的 SGV。

我国大麦黄矮病毒分为 GAV、PAGV、GPV 和 RMV 四种主要株系类型,其中 GPV 株系为我国特有的主流株系,该株系是麦二叉蚜和禾谷缢管蚜能传播的非专化性株系,GAV 是麦二叉蚜和麦长管蚜能有效传播的非专化性株系,PAGV 为禾谷缢管蚜、麦长管蚜和麦二叉蚜都能传播的非专化性株系,RMV 是玉米蚜专化性传播的株系。

陕西关中是我国小麦黄矮病毒病常发流行区,GPV 是该地区主要流行株系,通常随麦二叉蚜的流行而严重发生;河南、四川等高产小麦区鉴定出 BYDV 为 PAGV 株系,主要由禾谷缢管蚜、麦长管蚜传播,这两种麦蚜是高产小麦田的优势蚜种。因此,这些地区小麦黄矮病毒病可能随着禾谷缢管蚜和麦长管蚜的严重发生而流行。

(3)我国西北地区麦蚜对小麦黄矮病的传毒能力　我国西北地区 BYDV 的优势介体是麦二叉蚜,但禾谷缢管蚜的传毒能力比以前有所提高。关中地区禾谷缢管蚜的传毒力高于河西地区。三个地区(关中地区、渭北地区、河西地区)麦二叉蚜的传毒力都较高,差别不明显。三个地区两种麦蚜的成蚜传毒力普遍高于其若蚜。

为了定量比较不同地区不同接种量麦二叉蚜与禾谷缢管蚜的传毒力,分别按 1 苗接 1 头,3 头及 5 头成蚜进行传毒测试,不接蚜麦苗作为对照。结果(表 5-3、表 5-4)表明,相同地区的两种蚜虫 1 苗接 5 头时其传毒力最高,但与 1 苗接 3 头蚜虫传毒力差异不大,1苗接1头蚜虫时传毒力最低。同一地区相同的接种量下,麦二叉蚜的传毒力均高于禾谷缢管蚜。

相同的接种量下,杨凌地区禾谷缢管蚜的传毒力总是高于张掖地区;除了合阳地区接种1头/苗麦二叉蚜传毒力高于另外两个地区外,其余在相同接种量情况下,总是杨凌地区麦二叉蚜的传毒力最高,而张掖地区的最低。

综合表5-3、表5-4可知,传毒力最高的是接种5头/苗麦二叉蚜的合阳地区(80.95%);传毒力最低的是接种1头/苗禾谷缢管蚜的张掖地区(8.57%)。

3. 麦蚜体内病毒运转机制与传毒相关蛋白

(1)*病毒在麦蚜体内运转*　大麦黄矮病毒属于持久性病毒,病毒经麦蚜口针的食道吸入,进入蚜虫肠道,经过后肠肠腔,进入后肠细胞质,然后进入血淋巴液。再由血淋巴输送、经附唾液腺吸收后将病毒排吐进入唾液腺,病毒可在蚜虫体内扩大增殖。当蚜虫在健株上取食时分泌唾液,将病毒传给植物,完成传毒过程(吴云锋,1999)。中国农业科学院植物保护研究所及西北农林科技大学已明确GAV株系病毒在麦二叉蚜、GPV株系在禾谷缢管蚜体内运转机制。

(2)*麦蚜体内传毒相关蛋白的研究*　在麦蚜传播BYDV的过程中,病毒的获得和传播需要与麦蚜体内的传毒相关蛋白(病毒受体)发生相互识别作用,并由此介导病毒穿越蚜虫体内的传播障碍。应用分子生物学方法,如蛋白质双向电泳和病毒覆盖测定技术,从GAV株系的传毒介体麦二叉蚜和麦长管蚜的头部的蛋白质提取物中检测到一种分子量为50kD的蛋白(P50),等电点约为4.9的蛋白(P50),与提纯的病毒BYDV-GAV有最明显的亲和反应。此外,还有其他几种蛋白与提纯病毒有较弱的反应,而在禾谷缢管蚜的蛋白提取液中未发现与提纯病毒有亲和反应的蛋白。

表5-3 不同地区不同接种量禾谷缢管蚜的传毒力 (胡亮等,2009)

—苗接种蚜虫头数 No of aphid inoculated per piant

蚜虫采集地 Site collecting aphid	1苗5头 5 aphids per plant			1苗3头 3 aphids per plant			1苗1头 1 aphid per plant		
	发病苗数 No. of diseased plants	接种苗数 No. of inoculated plants	病株率(%) Percentage of diseased seedlings	发病苗数 No. of diseased plants	接种苗数 No. of inoculated plants	病株率(%) Percentage of diseased seedlings	发病苗数 No. of diseased plants	接种苗数 No. of inoculated plants	病株率(%) Percentage of diseased seedlings
杨凌 Yangling	16	23	69.57	20	38	52.63	22	84	26.19
张掖 Zhangye	8	21	38.10	10	35	28.57	6	70	8.57

表5-4 不同地区不同接种量麦二叉蚜的传毒力 (胡亮等,2009)

—苗接种蚜虫头数 No of aphid inoculated per piant

蚜虫采集地 Site collecting aphid	1苗5头 5 aphids per plant			1苗3头 3 aphids per plant			1苗1头 1 aphid per plant		
	发病苗数 No. of diseased plants	接种苗数 No. of inoculated plants	病株率(%) Percentage of diseased seedlings	发病苗数 No. of diseased plants	接种苗数 No. of inoculated plants	病株率(%) Percentage of diseased seedlings	发病苗数 No. of diseased plants	接种苗数 No. of inoculated plants	病株率(%) Percentage of diseased seedlings
杨凌 Yangling	16	20	80.00	54	82	65.85	18	60	30.00
合阳 Heyang	17	21	80.95	47	85	55.29	17	53	32.08
张掖 Zhangye	15	19	78.95	35	67	52.24	15	63	23.81

为确定病毒覆盖测定的特异性，分别进行了 3 组对照实验。首先，按上述相同的方法进行了不能传播 BYDVs 的灰飞虱蛋白的分离和病毒覆盖测定，未发现与 BYDV-GAV 有亲和能力的蛋白；其次，用同样为直径 30 纳米的球状病毒，但由土壤中油壶菌传播的甜菜黑色焦枯病毒（BBSV）及其抗体作对照，未发现与 BBSV 有亲和反应的麦蚜蛋白；最后，为了解麦蚜体内是否有直接与 BYDV-MAV 抗血清有结合能力的蛋白的存在，用其抗血清进行 Western blotting，在麦蚜的蛋白提取液中也未发现能与 MAV 抗血清直接结合的蛋白存在。

为了检测 50 kD 蛋白的抗血清对麦蚜传毒效率的影响，对麦二叉蚜体内的 P50 进行了电泳分离并制备了家兔抗血清，利用薄膜饲毒的方法，让麦蚜先取食 P50 抗血清后再进行正常的饲毒，如果 P50 的确是传毒相关蛋白，那么麦蚜取食其抗血清后传毒效率应显著降低，甚至不能传毒。由 P50 对麦长管蚜、麦二叉蚜和禾谷缢管蚜传播 BYDV-GAV 的影响结果表明（图 5-6），麦长管蚜饲喂 500 倍稀释的抗血清后，传毒效率显著下降，即对照（清水饲喂）传毒效率为 72.55％，而用饲喂抗血清的传毒效率仅为 8.57％；麦二叉蚜的处理也有相似的结果，传毒效率由对照的 73.44％下降为 28.57％；在所有的试验中，无论处理与否均未发现禾谷缢管蚜能够传播 BYDV-GAV。上述结果证明，P50 蛋白确实参与了介体麦蚜与病毒的识别过程，因而是一种与传播 BYDV-GAV 有关的传毒相关蛋白。

病毒附着蛋白（病毒受体）可能存在附唾液腺细胞膜表面，有证据表明不同蚜虫体内的病毒受体与不同病毒株系 GPV、PAV、GAV 外壳蛋白的亲和性不同，这就是不同种麦蚜对不同 BYDV 株系传播专化性的生理基础。

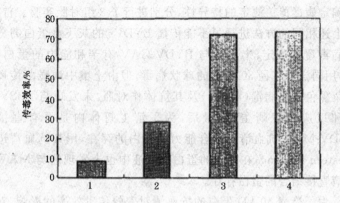

图 5-6　P50 抗血清处理对麦长管蚜和麦二叉蚜

传播 BYDV-GAV 效率的影响

（引自王锡锋等，2003）

1. P50 抗血清饲喂麦长管蚜　2. P50 抗血清饲喂麦二叉蚜
3. 清水饲喂麦长管蚜　4. 清水饲喂麦二叉蚜

四、麦蚜迁飞和扩散行为

麦蚜是一种远距离的迁飞性害虫，能够依靠自身的飞行能力和利用气流的携带作用，迅速扩散、定殖危害。迁飞使得麦蚜有机会选择更适宜的寄主植物和环境条件，从而使得对麦类作物的危害范围逐步扩大。

（一）麦蚜的迁飞行为

麦蚜个体很小，迁飞行为的直接证据不易获得，但早在1972～1978 年，宁夏地区麦长管蚜远距离迁飞的行为就有一些间接证据，初步明确了以下事实：本地越冬的麦长管蚜尚未羽化，田间已出现有翅成蚜；小麦苗期发现了穗期才能产生的穗型蚜；在冰冻期的高山上多次捕到有翅麦蚜;有翅成蚜大范围的"同期突发"现象;外来麦蚜占春季田间有翅蚜的98.8%以上。董庆周等(1987)研究首次提出,在有本地蚜源的情况下,存在外来蚜源,且外来蚜源可以成为春季田间麦长管蚜群的主体。

经过田间观察和室内蚜虫飞行能力测定,证明麦蚜具有远距离迁飞特性。蚜虫的迁飞行为多发生在白天,并且多在晴朗有微风的天气。中国农业科学院植物保护研究所利用飞行磨室内对麦长管蚜和禾谷缢管蚜进行不同时间的吊飞处理后,测定蚜虫连续飞行能力以及蚜虫飞行前后体内能源物质的含量,证实蚜虫远距离飞行的主要能源物质是脂肪。

蚜虫的起飞多呈"S"曲线,起飞欲望的产生受自身发育状况、寄主植物和气候条件等的影响。禾谷缢管蚜在我国及北欧等地存在冬、夏寄主的转移的迁飞行为,受蚜虫危害过的冬寄主稠李叶片及其提取物对蚜虫的起飞和迁飞有刺激作用,而没有蚜害的叶片及提取物则没有刺激起飞的作用。该种刺激起飞的物质为甲基水杨酸。翅的载重会影响蚜虫的起飞,但不同蚜虫的载重能力存在差异。

蚜虫近距离扩散行为多在低空飞行,不过远距离的迁飞可达到大气边界层。蚜虫降落到寄主植物的过程很少有直接的研究结果。短距离的低空迁飞的降落可能受蚜虫本身对寄主植物的物理化学信号的引导,但很可能随机成分要比蚜虫的主动成分高得多。

(二)麦蚜的迁飞与传播病害的能力

麦蚜的远距离迁飞不仅意味着麦蚜迁入区新种群的建立,而且更重要的是麦蚜的迁飞可以加大携带病原物传播的范围。

北美麦二叉蚜是谷类作物的主要害虫,并能携带大麦黄矮病毒从南方迁向北方。麦二叉蚜在春天能够随气流从美国的冬麦区迁飞到春麦区,威斯康星州麦蚜的大发生与小麦黄矮病毒病的流行,与从南方随季风传播的带毒蚜关系极其密切。陈春和冯明光(2003),通过在我国河南省原阳县麦区进行空中迁飞性有翅麦蚜的诱集及其所携带病原真菌种类及频率的系统观查,认为麦蚜的虫霉病流行可能主要借助有翅蚜的迁飞定殖而异地传播。张向才等(1985)在对宁夏、内蒙古丰镇等春麦区麦蚜和黄矮病侵染循环及其发生流行规律的调查研究中,也得出了麦蚜凭借气流携带病原物远距离迁飞传毒的结论。

(三)影响蚜虫迁飞的生态因子

温度、湿度、光照、风和降雨等环境因子均会对蚜虫的迁飞行为产生影响。程登发等(2002)通过计算机控制微小昆虫飞行磨系统,测定麦蚜的飞行能力:在温度 20℃左右,空气相对湿度 80％以上的条件下,禾谷缢管蚜平均飞行距离可以达到 8.219 千米,麦长管蚜为 3.676 千米;单头麦蚜最大飞行时间和最大飞行距离可达 14.32 小时、22.51 千米。由此可见,麦蚜完全有能力依靠自身的飞行能力随气流进行远距离迁飞。大风会使起飞推迟,但不能抑制起飞。

麦长管蚜在不同温度下的飞行能力参数表明(表 5-5),在测试范围内飞行速度随温度的增高而加快。该蚜在 12℃的飞行速度极显著低于其他测试温度的飞行速度,为 0.998 千米/小时;30℃的飞行速度达到 1.357 千米/小时,极显著高于其他测试温度的飞行速度;蚜虫飞行速度在 14℃～16℃范围内,以及 18℃～25℃范围内差异不明显。

表 5-5　不同温度条件下麦长管蚜的飞行速度、飞行时间和飞行距离

（引自程登发等，2003）

温度 （℃）	飞行速度±SE （千米/小时）	飞行时间±SE （小时）	飞行距离±SE （千米）
12	0.998±0.017eE	2.665±0.213abA	2.649±0.214eD
14	1.084±0.016cdCD	2.918±0.203aA	3.054±0.219cC
16	1.154±0.017cC	3.094±0.198aA	3.415±0.220bB
18	1.241±0.020bB	3.101±0.231aA	3.676±0.274aA
22	1.287±0.022bAB	2.203±0.168bAB	2.752±0.210dD
25	1.286±0.021bAB	1.446±0.145cdBC	1.748±0.157fE
30	1.357±0.024aA	0.911±0.118dc	1.241±0.161gf

注：表中数字为 3 次重复的实验结果。同列数字后为 Duncan 新复极差测验结果，小写字母表示 5% 显著水平，大写字母表示 1% 显著水平，字母相同者差异不显著。下表同。

麦长管蚜的飞行时间随着温度升高而呈单峰形变化。在 12℃～18℃ 之间，飞行时间随温度的升高而增加，18℃ 时飞行时间最长为 3.101 小时；在 18℃～30℃ 之间，飞行时间随温度的升高而降低，30℃ 时飞行时间最短为 0.911 小时。方差分析表明：12℃～22℃ 的飞行时间与其他各测试温度的飞行时间相比，在 5% 水平上差异显著；25℃～30℃ 的飞行时间在 1% 的水平上差异显著。30℃ 的飞行速度快，但飞行时间并不长；12℃ 的飞行速度慢，但飞行时间较长。

麦长管蚜在不同温度下的飞行距离的变化趋势与飞行时间极其相似，在测试范围呈单峰形变化。12℃～22℃ 的飞行距离较远，18℃ 最远 3.676 千米，极显著高于其他测试温度的飞行距离；30℃ 的飞行距离最短为 1.241 千米，极显著低于其他温度的飞行距离；各温度的下的飞行距离在 5% 的水平上差异显著。

室内不同日龄的麦长管蚜有翅成蚜飞行能力（表 5-6）。在温度 18℃ 空气相对湿度 60%～80% 条件下，1～7 日龄麦长管蚜有翅成蚜的飞行能力测试结果表明：飞行速度 2 日龄时最快为 1.321 千米/小时，与其他日龄的差异极显著；7 日龄最慢为 0.920 千米/小时，极显著低于其他各日龄的飞行速度。飞行时间为 0.457～0.77 小时，其中 3 日龄最长为 0.77 小时，但不同日龄间差异不显著；飞行距离 3 日龄时最长为 1.957 千米，7 日龄最短为 0.41 千米，不同日龄间飞行距离差异极显著。

表 5-6　不同日龄麦长管蚜的飞行能力　（引自程登发等，2003）

日　龄	平均飞行速度±SE（千米/小时）	平均飞行时间±SE（小时）	平均飞行距离±SE（千米）
1	1.011±0.015dE	0.771±0.006cC	0.738±0.072dD
2	1.321±0.023aA	1.563±0.031aA	1.682±0.104bB
3	1.201±0.022bB	1.625±0.034aA	1.957±0.113aA
4	1.188±0.019bBC	1.372±0.028bB	1.316±0.0952cC
5	1.105±0.016cDC	0.764±0.011cC	0.715±0.069eE
6	1.036±0.013dDE	0.543±0.009dD	0.503±0.055fF
7	0.920±0.010eF	0.457±0.007dD	0.410±0.053gG

　　风速和风向对蚜虫迁飞的路径和迁飞的距离有极大的影响。从室内吊飞结果可知，蚜虫的飞行能力是相当有限的，但其仍能进行长距离的迁飞，主要是有风力的推进作用。通过风的带送，蚜虫的迁飞不再受大洋和高山的阻碍，如有 1 米长锋线经过一个农场时，它每分钟就可将 1.33 亿头蚜虫传送到 2 米远的地方。蚜虫迁飞时间集中在光线较为明亮的时间，温暖无风的天气，蚜虫在地表周围扩散，当风速达到 6 千米/小时时，则可飞到 10 米甚至更高的高空，强风或大风可将蚜虫种群带到 1 000 米的高空，由此表明风在蚜虫迁飞过程中起着重要的作用。

(四)麦蚜迁飞可能路径和蚜源基地

气流在昆虫的迁飞过程中起着重要的作用。在我国,昆虫的迁飞与东亚地区低层大气环流的季节性变化有着密切关系。Wallin 低空风向(相对高度 60～350 米)对麦二叉蚜的迁飞起到一定的作用。我国东部季风天气显著,春夏季多刮西南风,秋冬季多刮偏北风,有利于有翅蚜每年有规律的南北迁飞,即 3～6 月份随西南气流北迁,8～10 月份随西北或东北风南迁。

罗瑞梧认为长江中下游冬麦区是黄淮海冬麦区禾谷缢管蚜的虫源基地。张广学认为宁夏春季春麦区的麦二叉蚜可能是从陇东和陕北一带的冬麦区迁飞来的。董庆周等(1987)陇东、关中、晋南和豫西的冬麦区可能是宁夏麦长管蚜的蚜源基地。根据各地冬麦区麦长管蚜的迁飞危害及不同区域间的虫源关系,杨逸兰划定的麦长管蚜在我国主要的迁出区大体在河南省陇海以南、鲁南、苏北、皖北的广大麦区;迁入区大体在河北、山西省大部、京、津市郊、山东及河南北部的广大麦区。

近年来,利用麦蚜随机引物扩增技术(RAPD),以及线粒体细胞色素氧化酶亚基Ⅰ(COⅠ)基因部分序列的测定等分子生物学研究手段,研究发现麦长管蚜北方种群与长江中下游种群间遗传物质无显著差异,其原因可能与蚜虫迁飞有关;麦长管蚜在我国北方广大麦区进行着远距离迁飞:黑龙江、吉林及内蒙春麦区的虫源可能来自北京、河北、山东及河南等地;宁夏春麦区的虫源可能来自山西和邻近冬麦区;而陕西和甘肃等冬麦区的麦长管蚜也可以随着 5 月份的西南气流迁入春麦区。

麦蚜迁飞的蚜源基地和迁飞路线目前还不十分清楚,在这方面继续研究,对于麦蚜的预测预报和综合防治等均具有重要的实际意义。

第六章　麦蚜的预测预报技术

麦蚜预测预报是开展麦蚜防治的重要前提。预测预报技术是根据麦蚜发生的生物学和生态学原理,在田间系统调查、大田调查、天敌调查的基础上,结合小麦的生育期,当地温度、湿度和降雨情况及天敌发生情况,做出短中期的预测,分析预测其发生量的多少,发生期的迟早,对小麦危害的程度等,并发出情报,指导农户进行防治,将其危害控制在经济允许水平之内。

通过多年积累的历史数据,将传统的预测预报技术,与计算机数据分析技术、网络技术、地理信息系统(GIS)、遥感技术(RS)、全球定位系统(GPS)紧密结合,通过建立一些区域性的测报模型,提高预测的准确度。

目前,参照我国农业行业标准 NY/T612—2002《小麦蚜虫测报调查规范》及农作物主要病虫测报办法,结合实践经验,麦蚜的一般预测办法如下。

一、调查方法

(一)系统调查

1. 调查时间　小麦返青拔节期至乳熟期止,开始每 5 天调查一次,当日增蚜量超过 300 头时,每 3 天查一次。

2. 调查田块　选择当地肥水条件好、生长均匀一致的早熟品种麦田 2～3 块作为系统观测田,每块田面积不少于 2×667 米^2。

3. 调查方法　采用单对角线 5 点取样,每点固定 50 株,当百株蚜量超过 500 头时,每点可减少至 20 株。调查有蚜株数、蚜虫种类及其数量,记录结果并汇入表 6-1。

表 6-1　小麦蚜虫系统调查表

地点:＿＿＿＿＿　品种:＿＿＿＿＿　地块类型:＿＿＿＿＿

调查日期	生育期	调查株数	有蚜株数	有蚜株率（%）	蚜虫种类及其数量（头）								百株蚜量（头）	备注
					麦长管蚜		麦二叉蚜		禾缢管蚜					
					有翅	无翅	有翅	无翅	有翅	无翅	有翅	无翅		

注:地块类型是指早、中、晚播田或高肥水田等

(二)大田调查

1. 普查时间　在小麦秋苗期、拔节期、孕穗期、抽穗扬花期、灌浆期进行 5 次普查,同一地区每年调查时间应大致相同。

2. 普查田块　根据当地栽培情况,选择有代表性的麦田 10 块以上。

3. 普查方法　每块田单对角线 5 点取样,秋苗期和拔节期每点调查 50 株,孕穗期、抽穗扬花期和灌浆期每点调查 20 株,调查有蚜株数和有翅、无翅蚜量,记录结果并汇入表 6-2。

表 6-2　小麦蚜虫大田普查表

调查日期	调查地点	代表面积（667 米²）	品种	生育期	调查株数	有蚜株数	有蚜株率（%）	蚜虫数量（头）			百株蚜量（头）	备注
								有翅	无翅	合计		

(三)天敌调查

1. 调查时间　在每次系统调查小麦蚜虫的同时,进行其天敌种类和数量调查。

2. 调查方法　寄生性天敌以僵蚜表示,僵蚜取样点和取样方法与蚜虫相同,每次查完后抹掉;瓢虫类、食蚜蝇幼虫和蜘蛛类随机取 5 点,每点查 0.5 米^2,用目测、拍打方法调查。将调查天敌的数量分别折算成百株天敌单位,记录结果并汇入表 6-3。

表 6-3　小麦蚜虫天敌调查表

调查地点	调查日期	调查株数	天敌种类及其数量(头)										折百株天敌单位(个)	备注
			七星瓢虫	异色瓢虫	多异瓢虫	龟纹瓢虫	十三星瓢虫	食蚜蝇幼虫	草蛉幼虫	草间小黑蛛	拟环纹狼蛛	寄生性天敌		

(四)测报资料收集、汇报和汇总

1. 测报资料收集　主要收集小麦主要品种及其栽培面积,小麦播种期和各期播种的小麦面积以及当地气象台(站)主要气象要素的预测值和实测值。

2. 测报资料定期汇报　全国区域性测报站每年定时填写小麦蚜虫模式报表(表 6-4,表 6-5)报上级测报部门。

表 6-4　小麦蚜虫秋季模式报表组建表(MQMYA)

汇报时间：

序号	查 报 内 容	查报结果
1	病虫模式报表名称	(MQMYA)
2	调查日期(月/日)	
3	平均有蚜株率(%)	
4	平均有蚜株率比常年增减比率(＋% 或－%)	
5	平均百株蚜量(头)	
6	平均百株蚜量比常年增减比率(＋% 或－%)	
7	最高百株蚜量(头)	
8	一、二类麦苗比率(%)	
9	一、二类麦苗比率比常年增减比率(＋% 或－%)	
10	天气预报冬季(12 月至翌年 2 月)降水量比常年增减比率(＋% 或－%)	
11	天气预报(12 月至翌年 2 月)气温比常年高低(＋℃或－℃)	
12	预计翌年发生程度(级)	
13	调查汇报单位	

表 6-5 小麦蚜虫春季模式报表组建表 (MCMYA)

汇报时间：

序号	查 报 内 容	查报结果
1	病虫模式报表名称	(MCMYA)
2	始见期比常年早晚天数（＋天或－天）	
3	调查日期（月/日）	
4	平均有蚜株率（%）	
5	平均有蚜株率比常年增减比率（＋%或－%）	
6	平均百株蚜量（头）	
7	平均百株蚜量比常年增减比率（＋%或－%）	
8	最高百株蚜量（头）	
9	平均百株天敌单位数量（个）	
10	平均百株天敌单位数量比常年增减比率（＋%或－%）	
11	小麦生育期比常年早晚天数（＋天或－天）	
12	天气预报 4 或 5 月份降水量比常年增减比率（＋%或－%）	
13	天气预报 4 或 5 月份气温比常年高低（＋℃或－℃）	
14	预计发生程度（级）	
15	调查汇报单位	

3. 测报资料汇总 对小麦蚜虫发生期和发生量进行统计，结果汇入表 6-6。并记载小麦种植和蚜虫发生及防治情况，总结发生特点，进行原因分析（表 6-7）。

表 6-6　小麦蚜虫发生情况调查统计表
（麦收后汇总全省情况，省站及时上报）

调查地点	早春基数调查			发生始盛期					发生盛期						备注
	调查时间（月/日）	平均百株蚜量（头）	基数比常年增减比率（±/%）	调查时间（月/日）	始盛期时间（月/日）	有蚜株率（%）	平均百株蚜量（头）	调查时间（月/日）	盛期持续时间（天）	有蚜株率（%）	平均百株蚜量（头）	最高百株蚜量（头）	发生面积比率（%）	发生程度	

表 6-7　小麦蚜虫发生防治基本情况记载表

（麦收后汇总全省情况，省站及时上报）

小麦面积(hm²)	耕地面积(hm²)	小麦面积占耕地面积比率(%)
主栽品种		
发生面积(hm²)	占小麦面积比率(%)	
防治面积(hm²)	占小麦面积比率(%)	
发生程度	实际损失(吨)	挽回损失(吨)
发生和防治概况与原因简述		

二、发生期预测

　　发生期预测是根据麦蚜防治对策的需要，预测某个关键虫期出现的时期，以确定防治的有利时期。在害虫发生期预测中，常将各虫态的发生时期分为始见期、始盛期、高峰期、盛末期和终见期。预报中，当季蚜虫累计发生量达到发生总量的 16%、50% 和 84% 的时间分别为始盛期、高峰期和盛末期。从始盛期到盛末期一段时间为麦蚜发生盛期。

　　田昌平等(1997)以 3 月下旬至 4 月上旬平均气温(℃)和 4 月上旬温湿系数作为麦蚜复合种群发生期的预报因子，应用最大频数列联比组建 Fuzzy 综合评判数学模型，再用因素加权型进行运输，预报准确率高，可提前 20 天左右做出预报。郭文润等(1993)对冀南麦区麦蚜百株蚜量选 500 头日期作为发生期预报量，采用模糊数学因子权重综合评判方法进行预报,发生期历史符合率达100％。从相关回归运算可知,当3月份温湿系数小于8.5,3月中旬至4月中旬平均温度大于11.4℃的年份,麦蚜将发生早、发生重,否则将发生迟、发生轻。

三、发生量预测

发生量预测就是预测害虫的发生程度或发生数量,用以确定是否有防治的必要。小麦蚜虫发生程度分为5级,主要以当地小麦蚜虫发生盛期平均百株蚜量来确定。各级指标分别为:1级,百株蚜量≤500头;2级,500头<百株蚜量≤1 500头;3级,1 500头<百株蚜量≤2 500头;4级,2 500头<百株蚜量≤3 500头;5级,百株蚜量>3 500头。根据预报时间的长短不同,通常分为三类。即长期预报、中期预报和短期预报。

(一)长期预报

长期预报是指2～5个月的发生趋势预报。主要是在(秋)苗期预测小麦穗期麦蚜的发生程度。预测依据包括秋苗(或春麦苗)高峰期蚜量、蚜虫优势种基数、天敌种类与数量、1月份平均气温、3月份平均气温、2月下旬平均气温;3月下旬至4月上旬平均相对湿度、3月与4月份温雨系数等预报因子。利用多元回归统计方法建立预测模型,将当年这些资料和信息与往年情况进行对比分析,预测抽穗阶段的麦蚜发生程度。

罗瑞梧等(1985)通过对山东济南1975～1984年的10年资料分析,得到该地麦长管蚜发生程度的预测式:

$$y＝0.56x_1＋0.48x_2＋0.15x_3＋0.55x_4－2.71±0.73(r＝0.88),$$

式中,x_1为秋苗蚜量,x_2为1月份均温,x_3为3月份均温,x_4

为4月份雨量。当秋季蚜虫高峰期蚜量偏多(百茎蚜量1g值≥1.8),1月份平均气温偏高;(≥-2.6℃),3月气温偏高(≥7.0℃),4月份降水量偏多(≥36毫米)时,预示小麦抽穗期麦长管蚜大发生。

此外,山东曲阜、青州等地区利用历史资料,建立预测模型。例如,①山东曲阜预报抽穗期麦蚜的发生量采用的相关因子1月份平均气温、3月份温雨系数,而小麦灌浆期(5月中下旬)采用4月下旬的温雨系数和5月初百株蚜量为相关因子,11年回测的准确率分别为90.1%及100%(张会孔等,1995);②应用模糊因素加权综合评判法,建立麦长管蚜发生期模型,以山东曲阜13年(1982～1994年)历史符合率达100%(王洪誉,1998);③以多因子简化综合相关法及模糊列联表法,以小麦抽穗期(5月上旬)和灌浆末期(5月下旬)麦长管蚜发生量作为预报量,抽穗期蚜量预报因子:冬前秋苗期虫源基数(x_1);1月份平均气温(x_2);4月中旬降水量(x_3)。灌浆末期蚜量预报因子:5月上旬温雨系数(x_1);抽穗期蚜量基数(x_2),对山东青州11年麦长管蚜的发生量进行预报,准确率分别为90.9%和86.4%,均明显高于经验预报(刘庆斌,1991)。

在西北地区如陕西和甘肃也建立相应预测模型。例如,陕西省商洛:5月上旬麦长管蚜发生程度的预测采用4月中旬百株蚜量与3月下旬至4月上旬平均相对湿度2因子建立回归模型,对5月中旬发生程度预测采用2月下旬平均气温和3月下旬至4月上旬平均相对湿度2因子建立回归模型,预测效果较好(董照锋等,2002)。甘肃天水地区:对天水地区12年(1979～1990年)麦蚜发生量(程度)通过模糊数学综合评判顶测顶报技术的研究,历史符合率达91.7%(孙淑梅等,1994)。甘肃皋兰县筛选出平均温度、相对温湿系数建立了麦长管蚜发生期的回归预测模型,对甘肃省皋兰县20年(1981～2000年)的历史资料进行模拟,符合率达

95％以上(钱秀娟等,2004)。

(二)中期预报

中期预报是指提前 1 个月左右的发生程度预报。主要预测根据为原有或新迁入蚜量、天敌数量、正常气候资料及气象预报资料;与历年同期蚜情和天敌资料、物候资料等相比较,估计最近 1 个月左右麦蚜发生程度,或用预测式计算出可能的发生数量。遇到反常气候,随时做补充预报。

中期预报可根据不同(优势)蚜虫种类进行 1～3 次预报。一般情况下,由于麦二叉蚜主要发生在扬花以前的小麦生长发育阶段,禾谷缢管蚜主要发生在孕穗以后,麦长管蚜在小麦整个生长发育阶段均发生危害。因此,麦二叉蚜或禾谷缢管蚜可进行 1～2 次中期预报,麦长管蚜可进行 2～3 次。在麦长管蚜为优势种的麦区,较为重要的中期预报是在拔节期预测扬花期的发生数量。主要预测依据是拔节期的蚜虫密度、天敌种类与数量、正常的气温,中、大风雨的有无。

例如,基于 1993～2005 年山东省小麦蚜虫及其天敌系统调查资料,经系统整理和分析,采用时间序列叠加趋势模型对麦蚜发生程度进行预测,采用逐步回归法建立高峰期蚜量与其天敌食蚜蝇、瓢虫和寄生蜂的回归方程,建立了预测模型山东境内 44 个监测地点的麦蚜发生程度预报模型。模型均方拟合误差(α)分析表明,α 值小于 0.32 的预报模型达到 65％,初步认为时间序列叠加趋势模型法适应山东麦蚜发生程度的预测。

(三)短期预报

短期预报主要预测 10～15 天的发生量和防治适期,以及中期预报的补充预报。预报依据主要是蚜量变动系数、天敌与麦蚜的益害比及特殊天气等资料。如曹雅忠等在郑州的调查结果,麦长

管蚜在小麦抽穗到灌浆初的 10～15 天中,单茎蚜量(y)随时间(x)直线增长:

1986 年:y＝1.0468＋2.19685x(r＝0.995);

1987 年:y＝0.86535＋ 1.19995x (r＝0.982)。

据此,将抽穗期蚜口基数、益害比及天气条件等与往年对比分析,再根据防治指标,估测灌浆初期蚜量,预报防治与否及防治适期。

(四)中、短期预测预报新技术

多年以来,我国各级测报站和一些地方科研单位积极采用其他统计分析方法,例如主成分分析、方差分析、多元回归、逐步回归、模糊判别、时间序列分析、聚类分析、灰色系统等多种方法对历史数据进行分析,构造了一些适于不同范围的麦蚜计算机预测模型。随着计算机技术的飞速发展,利用地理信息系统、遥感技术和多媒体信息技术,建立现代化的麦蚜监测预报新技术,或者以原有的模型进行集成形成适应不同生态区便于应用模型,并用于预测麦蚜的发生趋势,取得较好效果。

1. 麦蚜中、短期时空预测预报模型

(1)建立了山东和黄淮地区蚜虫历年虫情、天敌及气象信息数据库 收集整理多年来我国山东、黄淮海地区一些预测预报站点关于蚜虫、三种主要天敌食蚜蝇、瓢虫及寄生蜂的发生期、发生量等数据,制作成为历史发生数据数据库。收集整理了中国地面、高空气象数据,含每日 4 次(2、8、14、20 时)定时气温、相对湿度、平均风速、日降水量;WorldClim 生物气象变量数据:由 WorldClim 网络提供(http://www.worldclim.org),包含了气候变化的年度趋势(如年均温、年降雨等)、季节差异(如温度、降雨的季节差异)以及极端或是限制性的环境因子(如最热月温度、干旱季节降水量等)在全球的分布情况。

（2）初步开发了蚜虫预测预报软件平台　选用 ArcInfo 作为地理信息系统开发平台建立和管理空间数据库，使用 VisualFox-Pro 为数据库平台建立属性数据库，即气象资料综合数据库和迁飞性害虫数据属性库，使用 Access 作为转换数据库系统，使后台数据库方便 ArcInfo 的调用；使用 ArcInfo 内部集成的 VBA 作为开发语言进行系统开发，使用 Hysplit 和 Grads 脚本进行高空气流分析。结合蚜虫相关的生物调查数据和高程、气候、植被等非生物调查数据采用两种分析预测算法：生物气候模型（CLIMEX）和非参数回归统计模型（GAM）建模，使用 GIS 数据提取功能将其转化为建模数据集，在 R 统计平台下运行，产生预测结果数据集。

软件平台－Hysplit4 和 Grads：Hysplit4 是美国 NOAA 空气资源实验室研发的一种污染物扩散模式，最初是用于监测大气污染，现也可用于分析高空中气流的逆轨迹（图 6-1）。

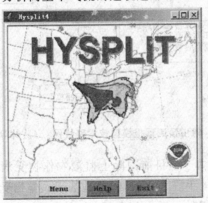

图 6-1　Hysplit4 运行界面示意图

GRADS 是当今气象界广泛使用的一种数据处理和显示软件系统。该软件系统通过其集成环境，可以对气象数据进行读取、加工、图形显示和打印输出。它在进行数据处理时，所有数据在

GRADS 中均被视为纬度、经度、层次和时间的 4 维场,而数据可以是格点资料,也可以是站点资料;数据格式可以是二进制,也可以是 GRIB 码,从而具有操作简单、功能强大、显示快速、出图类型多样化、图形美观等特点。

模型的技术路线图如图 6-2 所示。

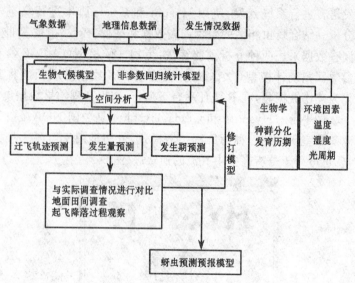

图 6-2　蚜虫预测预报模型技术路线图 （陈林等,2006）

2. 遥感技术　是目前国际上监测农作物受病虫危害光谱特性变化最先进的手段之一,其依据是基于农作物受到病虫危害时生理变化所引起的绿叶中细胞活性、含水量、叶绿素含量等的变化,表现为农作物反射光谱特性上的差异,特别是红色区和红外区的光谱特性差异。应用高光谱遥感技术,研究和利用受害植物光谱特性的变异信息,可以为大规模地监测植物病虫害发生动向提供可靠的依据。

在麦蚜危害的初期,近红外反射率明显降低,即陡坡效应受到

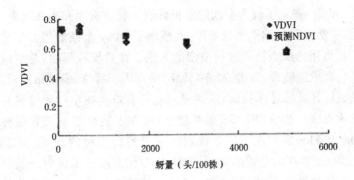

图 6-3　归一化植被指数(NDVI)和百株蚜量回归及其预测值
(引自乔红波等,2005)

明显的削弱,随着麦蚜危害程度加重,小麦冠层的反射率在不同波段有明显下降,尤其在近红外区下降更为显著。利用光谱微分技术,对受麦蚜不同程度危害的小麦冠层反射率求一阶导数,得到红边斜率。结果表明,麦蚜危害后小麦冠层的红边斜率在近红外波段发生剧烈的变化,且随着危害程度的加重其值逐步下降。乔红波等(2005)将小麦的归一化植被指数(NDVI)和百株蚜量做线性回归分析,得预测方程 $y = -0.3 \times 10^{-4} x + 0.728\ 7$,$R^2 = 0.843\ 1$,NDVI 的预测值图 6-3 所示,可以用 NDVI 来反演小麦上的蚜虫数量。

试验证明,小麦植被指数(RW)变化与蚜虫量变化具有相关性,用地面遥感技术监测麦蚜害是可行的(杨建国等,2001)。

3. 黄淮海地区麦蚜预测预报(地理信息)系统(HH-Aphid-GIS)　高灵旺(1998)综合利用模拟模型、地理信息系统(GIS)和多媒体等技术开发形成了黄淮海地区麦蚜预测预报(地理信息)系统。

4. 基于 AFFIDSS 的麦长管蚜种群动态的模拟系统　常向前(2006)全面收集了国内外从 1960 年以来有关麦长管蚜的文献

200 余篇,建立了较为全面的麦长管蚜文献数据库和生长发育、生殖、存活及其影响因子数据库,共整理了 3 000 余条数据。形成了一套构建昆虫生物学过程模型的方法。在建模过程中,总结形成了一套数据整理、分类、排序、转化、关键因子筛选、模型结构确定、参数估计及统计学检验,最终建立麦长管蚜生物学过程模型并作图的方法。在 AFFIDSS 的基础上,建立了适合于麦长管蚜种群动态预测的模拟系统。系统调查了麦蚜田间种群动态:于 2003年、2004 年在山东省惠民县、2005 年在北京市昌平区对麦长管蚜的田间种群动态进行了调查,获取了用于麦长管蚜模拟模型的有效性检验的独立田间调查数据。系统计算的模拟值与田间调查数据比较,预测准确度达 89.95%,可预测每日蚜虫种群密度,本研究建立的麦长管蚜种群动态模拟模型为麦长管蚜田间发生量预测、进行防治决策及分析麦长管蚜种群动态变化提供了有用工具。

上述研究为麦蚜发生期及发生量的测报和防治奠定了基础。但由于不同麦蚜种类的生物学特性和不同麦田生态条件的差异与变化,当前麦蚜种群动态的预测预报准确率仍然较低。应进一步加强对麦蚜种群动态和发生规律的研究,不断改进麦蚜灾害的监测、预警技术和方法,尽快提高对麦蚜灾害的可预见性和预测预报准确率。

四、危害损失预测

危害损失预测是指根据蚜虫发生的种群密度、危害的部位及小麦的生育期等来预测对小麦产量和品质的影响,以确定麦蚜防治经济阈值,对指导麦田综合防治具有十分重要的意义。

第七章 麦蚜的综合防治技术

一、防治策略

麦蚜属常发性害虫,发生程度及消长情况在地区间、年度间、不同的小气候环境间均有相当差异。根据不同生态麦区麦蚜种群组成有变化的特点,防治工作要因地制宜,全面考虑、区别对待。

在小麦黄矮病流行区,应以麦二叉蚜为主攻目标,从控制蚜、病发生流行的早期基地入手,做到早期治蚜控制黄矮病发展;非黄矮病流行区主要是麦长管蚜和禾缢管蚜为优势种,应重点抓好小麦抽穗灌浆期的预测与防治。

贯彻"预防为主、综合防治"方针,协调应用各种防治措施,抗蚜品种合理配置与应用,充分发挥天敌自然控制能力,突出生态调控措施等农业防治,依据科学的防治指标及天敌利用指标,协调生防与化防措施,使小麦损失控制在经济允许水平以下,以期收到明显的经济、社会和生态效益。

二、防治技术

麦蚜的综合防治技术包括品种抗虫性的利用、生态调控与农业防治、生物防治、物理防治和化学防治。

(一)品种的抗虫性鉴定和利用

植物抗虫性(Plant resistance to insects)是指使一种植物或

一个品种较少遭受害虫危害的遗传性质,而感虫植物缺乏这样的性质。小麦抗蚜性(resistance to wheat aphid)是指减少蚜虫最终危害程度的可遗传特性。生产上同一种植区,某些品种上蚜量较少,或者表现为某一品种在相同虫口密度下比其他品种优质高产的能力。小麦中存在对蚜虫不同程度抗性的品种。在麦蚜的防治中,利用抗虫品种是防治麦蚜安全、经济、有效和简便的措施,在其综合防治中具有重要地位。

1. 品种抗蚜鉴定技术

(1)自然鉴定和人工接种鉴定 小麦抗蚜鉴定从虫源性质上可分为自然鉴定和人工接种鉴定。自然鉴定是指在麦蚜常年暴发区设置鉴定圃,借助自然虫源来鉴定品种的抗性,更能反映自然条件下品种对该地区蚜虫复合群的抗性。有时为了鉴定品种在不同地区对麦蚜不同地理种群的抗性,用同一套品种在多个不同生态区同步进行自然鉴定,叫做异地鉴定。

为了保证抗蚜鉴定成功,需要进行人工接种麦蚜进行抗性鉴定。人工接种鉴定在小麦苗期和成株期均可进行,可以分单种蚜虫或者混合种群接种。

(2)苗期鉴定和成株期鉴定 苗期鉴定一般在温室进行主要用于大量品种的初筛。麦苗种植在塑料盘中,每品种 10～20 株,苗第一叶充分展开后(即苗高约 4 厘米),每株接若蚜 2 头,接种 10 天左右调查记录各品种不同龄期蚜量并称重。利用生态盒单头扣蚜,每天调查记录蚜量、脱皮、繁殖、蚜重,利用生命表统计方法效果更佳。

成株期鉴定一般在田间进行,其结果可靠,接近生产实际。小麦品种处于灌浆期(即麦蚜发生盛期)进行,具体方法详见田间自然抗蚜性鉴定技术。

(3)田间自然抗蚜性鉴定技术 田间自然抗蚜性鉴定技术规范已由中国农业科学院植物保护研究所编制完成,即农业行业标准"小麦抗病虫性评价技术规范"系列标准"第 7 部分:小麦抗蚜虫评价技术规范"(NY/T 1443.7—2007),2007 年 12 月 1 日正式实施,在全国范围推广使用。

①鉴定圃选址　鉴定圃设置在小麦蚜虫常年发生重、光照充足、地势平坦、土壤肥沃的地块。

②鉴定圃设置　鉴定圃设置见图 7-1。采用开畦条播、等行距配置方式。畦埂宽 50 厘米,畦宽 250 厘米,畦长视地形、地势而定;距畦埂 125 厘米处顺畦种 1 行保护行用于诱集麦蚜,在保护行两侧 20 厘米横向种植鉴定材料,行长 100 厘米,行距 30 厘米。鉴定圃四周设 100 厘米宽的保护区。

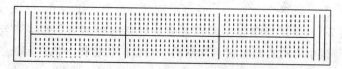

图 7-1　鉴定圃田间设置示意图

说明:□:表示畦埂;＿＿表示保护行和对照品种;……表示鉴定材料

③播种与管理

播种时间:播种时间与大田生产一致,即冬性品种按当地气候正常秋播,弱冬性品种晚秋播,春性品种顶凌春播。

播种方式及播种量:采用人工开沟,条播方式播种。每份鉴定材料播种 2 行,每隔 20 份鉴定材料播种 1 行抗蚜对照品种,鉴定材料每行均匀播种 100 粒;保护行种植当地常规品种,按每 100 厘米行长均匀播种 100 粒。各品种重复种植 3 次,第一重复各参试品种及对照抗性品种顺序排列,第二、第三重复随机排列。

管理:鉴定圃不施任何杀虫剂,田间管理与当地大田生产一致。

④蚜害调查方法　模糊识别鉴定方法(fuzzy recognition technique):对具有模糊性特征的客观事物进行识别并判定其归

属类别的模糊数学问题称为模糊模式识别。本标准称谓的模糊识别鉴定方法是指采用蚜虫发生盛期各品种的蚜虫级别的众数与所有参试小麦品种（系）上的蚜虫级别的平均数的比值作为抗性模糊隶属度定级的依据，进行抗蚜性鉴定的方法。

在大多数小麦品种处于灌浆期（即麦蚜发生盛期）时，利用模糊识别方法，对田间自然发生的麦蚜混合种群进行蚜害级别调查。调查分三组、每组2人同时调查。调查人先在田间扫视鉴定材料总体的蚜虫发生情况，然后逐行进行随机模糊抽样调查，目测各品种整行麦株上蚜虫的发生数量，确定蚜量最高的1株进行调查，判定蚜害级别并记录；调查时，重复内要求固定调查者。

⑤抗蚜级别的划分　蚜害级别的划分参考 Painter 分级标准（表7-1），采用蚜虫发生盛期各参试材料的蚜害级别最高者与所有参试小麦材料蚜害级别众数的平均值的比值作为抗性定级的依据。

表 7-1　蚜害级别的划分

蚜害级别	各级别的蚜虫量
0	全株无蚜虫
1	全株有少量蚜虫（10 头以下）
2	全株有一定量蚜虫（10～20 头），穗部无蚜虫或仅有 1～5 头
3	全株有中等蚜虫（21～50 头），穗部有少量蚜虫（6～10 头）
4	全株有大量蚜虫（50 头以上），穗部有片状的蚜虫聚集，蚜虫占穗部的 1/4 左右
5	穗部有 1/4～3/4 的小穗有蚜虫
6	全部小穗均密布蚜虫

首先对各鉴定材料各调查人的蚜害级别取众数；

利用各参试材料蚜害级别的众数计算所有鉴定材料的平均蚜

害级别($\bar{I}$)；

在各鉴定材料的 3 个重复中取蚜害级别最高者,代表该材料的蚜害级别(I)；

计算比值($I/\bar{I}$),按抗蚜级别的划分及抗性评价指标划分抗蚜级别(表 7-2)。

表 7-2　抗蚜级别的划分及抗性评价指标

抗蚜级别	蚜害级别比值($I/\bar{I}$)	抗 蚜 性
0	0	免疫 Immune(I)
1	0.01～0.30	高抗 Highly resistant(HR)
2	0.31～0.60	中抗 Moderately resistant(MR)
3	0.61～0.90	低抗 Lowly resistant(LR)
4	0.91～1.20	低感 Lowly susceptible(LS)
5	1.21～1.50	中感 Moderately susceptible(MS)
6	>1.50	高感 Highly susceptible(HS)

⑥重复鉴定及抗性评价方法　每个鉴定材料必须有 2 年用相同的方法进行重复鉴定。如果 2 年鉴定结果不一致时,以抗性弱的抗蚜性级别为准。若一个鉴定群体中出现明显的抗、感类型,应在调查表中注明"抗性分离",以"/"表示。

⑦记载鉴定结果　记载鉴定结果填入表 7-3。

表 7-3　年小麦抗麦蚜鉴定结果记载表

编号	品种名称	来源	出苗和生育期特点	虫情级别		抗蚜性评价
				蚜害级别 ($\overline{I}$)	蚜害级别比值 ($I/\overline{I}$)	
⋮						

注 1：鉴定地点＿＿＿＿＿＿＿　地势＿＿＿＿＿＿＿

注 2：蚜虫种类＿＿＿＿＿＿＿

注 3：调查日期＿＿＿＿＿＿＿

注 4：播种日期＿＿＿＿＿＿＿

注 5：海拔高度＿＿＿＿＿米　经度＿＿＿＿＿　纬度＿＿＿＿＿

注 6：灌浆期气候特点＿＿＿＿＿＿＿＿＿＿　＿＿＿＿＿＿＿

注 7：田间管理措施等＿＿＿＿＿＿＿＿＿＿　＿＿＿＿＿＿＿

鉴定技术负责人(签字)：

　　（4）抗虫性类别及区分方法　植物抗虫性分为 3 种类型或功能类别，即抗生性(antibiosis)、驱避性(antixenosis)(或称不选择性)和耐害性(tolerance)。抗生性是指抗虫植物对害虫生物学产生不利的影响；驱避性是指植物作为寄主的条件很差，害虫选择别的替代寄主；耐害性是指植物可忍受害虫侵害或具有从受害中补偿的能力。目前，小麦对蚜虫的抗性研究主要集中在前两类。

　　选育抗蚜小麦品种时，首先需要进行大规模的鉴定工作，在田间或温室条件下，让蚜虫自由选择寄主材料。由此获得的具有潜在抗性的材料再进行鉴定，设计相应实验区分抗虫性的抗生性和驱避性。这次鉴定规模较小，但包括感蚜对照品种。为证实驱避性的存在，供试材料要在每一个试验重复内共同种植和接虫。例如,在温室将被鉴定的品种种于花盆中,不同品种常常按照循环排列的方式设计,供试蚜虫在供试植物的中央释放。供试蚜虫种群被留在植株上直到感虫对照表现严重受害症状或承受很高的种群密度,然后评价各种供试材料的受害水平和蚜虫种群水平。通过选择性试验鉴定,确定驱避性。

对抗生性的鉴定,供试材料种植后应加网罩,分别接虫。供试蚜虫没有选择余地,只能在每个鉴定材料上取食或不取食。然后在供试蚜虫发育过程中观察记录与蚜虫存活、发育和繁殖有关的生物学指标,然后进行抗蚜性分析。

例如,中国农业科学院植物保护研究所曾选取 10 个田间抗蚜鉴定抗性表现稳定的品种(系)(见表 7-4)经室内接麦长管蚜和禾谷缢管蚜鉴定,其中 70% 的参数品种,如中 4 无芒、Chul1497、JP 、JP2 等表现为抗生性;30% 的参数品种,如 KOK-1679、L1、小白冬麦等表现为不选择性(即驱避性)。

表 7-4 参试品种的田间抗蚜鉴定结果

编号	品种名称	麦长管蚜	禾谷缢管蚜
1	中 4 无芒	高抗	低抗
2	Chul1497	中抗	高抗
3	JP1	高抗	中抗
4	JP2	中抗	中抗
5	885749-2	低感	低感
6	红芒红	感虫	中感
7	KOK1679	高抗	中抗
8	郑州 831	低抗	中抗
9	L1	中抗	高抗
10	小白冬麦	低抗	中抗
11	北京 837(对照)	低感	低感

(5)抗蚜性指标

①植物指标　植物指标包括昆虫直接取食危害、模拟取食危害、抗虫性相关的化学因子含量等。小麦抗蚜性的植物指标使用的较少；在模拟取食危害方面：以麦长管蚜、麦二叉蚜的唾液提取物伴随针刺模拟蚜虫取食，使植株表现与蚜虫危害相似的症状或诱导抗性相关因子相同的变化；小麦抗虫性相关的化学因子含量是很重要的抗蚜性指标，通常通过比较不同抗性级别的小麦抗蚜抗蚜相关的生化物质如丁布等含量的差异和在人工饲料里添加，确定抗蚜阈值浓度，待评价品种经同种物质含量测定后，进行抗蚜性评价。

②昆虫指标　昆虫指标包括害虫种群指标、害虫生长发育与繁殖指标、昆虫行为指标等。小麦抗蚜性的田间鉴定主要依据不同部位如叶片、穗度蚜虫数量来确定蚜害级别；较为复杂的昆虫指标，如应用自然种群生命表参数的方法；在室内鉴定通常采用接蚜，以一定时间内蚜虫体重增加、蜕皮指数、排泄蜜露量和繁殖量作为指标。蚜虫嗅觉行为和取食行为也是抗性评价重要指标。在定量评价驱避性时通常采用四臂嗅觉仪测定挥发物对蚜虫引诱或驱避反应，应用触角电位技术（EAG）来检测触角电生理学反应。由于蚜虫的口针插入植物韧皮部刺吸取食的特性，电子穿刺技术（EPG）常用于不同抗感品种对麦蚜取食行为差异监测，EPG波型参数，尤其是韧皮部取食时间、刺探过程中非取食波时间常作为评价抗蚜指标。

(6)抗蚜品种或材料利用　利用抗耐性品种控制麦蚜的发生与危害是一种安全、经济、有效的措施、目前已通过室内和田间系统筛选出一批具有中等或较强抗性的品种和材料，如中4无芒、小白冬麦、JP1、JP2、KOK-1679、L1、临远207、临远28013、陕167、偃22等品种（系）对麦蚜尤其对麦长管蚜抗性较好；晋麦32、郑州831、西农6028、丰产3号、鄂麦9号、邯4564、燕大1817、临抗1

号、临远 5311、乡麦 3 号、抗虫 4285、临辅 4420 等品种(系)对麦蚜具中等或一定抗性。这些品种或材料可以在生产和育种中推广应用。

(二)寄主抗蚜生化因子和分子机制

为了对抗虫品种在生产中合理布局,为育种部门更好的应用,明确抗蚜品种(系)的抗虫因子,探明抗虫机制很有必要。

1. 植物对蚜虫抗生性的生化及分子机制

(1)抗蚜生化物质 蚜虫的主要食物来源于韧皮液,这是经过蚜虫蜜露中糖的组分测定以及口针刺探部位的组织学检测,取食刺探电位等研究得到证明的。虽然一些研究表明蚜虫在韧皮部以外的叶肉或木质部也取食,但韧皮部取食占绝对优势。因此,韧皮液的化学物质组分及含量对植物抗蚜生化物质的研究具有重要意义。

抗蚜生化物质包括毒素、生长抑制剂和抗营养物质,从生化物质类别分为氨基酸、糖和次生物质。其中次生物质的抗蚜作用可能更大一些。

(2)次生物质的抗蚜性 对植食性昆虫而言,次生物质影响其行为、存活、生长发育和繁殖等各个环节。就行为特征而言,次生物质可作为引诱剂、排斥剂、取食刺激剂和取食抑制剂;从代谢过程而言,次生物质可破坏昆虫正常代谢过程,干扰其对食物的消化和利用,阻碍其生长发育,仍至引起昆虫中毒死亡;此外,也可能对昆虫生长发育及繁殖起促进作用。

次生物质种类繁多,主要来源于 3 类代谢途径的产物,包括酚类化合物、萜类化合物和含氮化合物。与小麦抗蚜性有关的次生物质主要有单宁酸、酚类化合物、黄酮类化合物、生物碱、氧肟酸、非蛋白氨基酸。

①单宁酸 单宁酸是植物可水解单宁中的一种。植物单宁一

直被认为是昆虫生长抑制剂,因为其可以与昆虫蛋白(酶)交联而沉淀蛋白,可能有阻止取食作用。单宁酸的作用机制包括:与昆虫的中肠壁蛋白结合,影响中肠的渗透性和营养的吸收;降低食物消化酶活性,影响食物的消化率。小麦不同抗蚜品种中单宁酸含量存在极显著差异(表 7-5),中 4 无芒、Chul1497 单宁含量极显著高于小白冬麦、L1、JP2 和郑州 831。以抗生性为主品种中,单宁含量与抗蚜级别或蚜虫内禀增长力 rm 值呈负相关趋势,但相关性不显著。

表 7-5　不同抗源单宁含量、田间抗性级别及内禀增长力　(rm)

品种	单宁含量 (毫克/克)	显著性检验	长管蚜		缢管蚜		rm 值	
			抗性	抗级	抗性	抗级	长管蚜	缢管蚜
中 4 无芒	2.439±0.37	a A	高抗	1	低抗	3	0.0091	0.1932
chul (1497)	2.19±0.39	A AB	中抗	2	高抗	1	0.1136	0.1776
红芒红	2.13±0.56	ab ABC	低感	4	中感	5	0.1911	0.2606
JP1	2.12±0.27	ab ABCD	高抗	1	中抗	2	0.1818	0.2303
885479-2	1.973±0.32	ab ABCD	低感	4	低感	4	0.1718	0.2865
kok-1679	1.879±0.24	abc ABCD	高抗	1	中抗	2	0.000	0.2146
小白冬麦	1.504±0.24	bcd BCDE	低抗	3	中抗	2	0.1889	0.2286
JP2	1.240±0.21	cde CDE	中抗	2	中抗	2	0.2046	0.2443
郑州 831	1.148±0.26	de DE	低抗	3	中抗	2	0.1336	0.1607
L1	0.85±0.15	e E	中抗	2	高抗	1	0.1918	0.2703
CK	0.557	e E	低感	4	低感	4	0.1993	0.2475

注:单宁含量以每克干重计算

②酚类化合物　小麦组成型和诱导型的酚类化合物在抗蚜中起到重要作用。不同抗性品种中总酚含量存在极显著差异,对麦蚜混合种群表现为中抗的 JP2 和中 4 无芒总酚含量极显著高于感蚜品种红芒红、郑州 831 和对照(北京 837)。品种总酚含量与抗蚜性相关分析结果(表 7-6)表明,品种总酚含量与抗麦长管蚜级

别呈显著负相关,其线性回归式为:y＝4.69－0.25x,相关系数 r＝－0.638＊(y 为田间抗性级别,值越小,抗性越高;x 为总酚含量,n＝11)。

以抗生性为主的品种上麦长管蚜的内禀增长力 rm 值与总酚含量也呈显著负相关,其线性回归式为:y＝0.33－0.02x,相关系数 r＝－0.7415＊(y 为 rm,x 为总酚含量,n＝7)。但品种总酚含量与禾谷缢管蚜田间抗蚜级别、以及 rm 值相关性不明显。由此可见,总酚含量是小麦抗麦长管蚜的关键因子。

表 7-6　不同抗源总酚含量、田间抗性级别及内禀增长力　(rm)

品种	总酚含量（毫克/克）	显著性	长管蚜		缢管蚜		rm 值	
			抗性	抗级	抗性	抗级	长管蚜	缢管蚜
JP1	15.07±1.04	a A	高抗	1	中抗	2	0.1818	0.2303
中4无芒	12.78±2.88	ab AB	高抗	1	低抗	3	0.0091	0.1932
小白冬麦	11.16±1.28	bc ABC	低抗	3	中抗	2	0.1889	0.2286
JP2	9.12±1.07	cd BC	中抗	2	中抗	2	0.2046	0.2443
KOK-1679	8.97±2.93	cd BC	高抗	1	中抗	2	0.000	0.2146
L1	8.47±2.64	cd BC	中抗	2	高抗	1	0.1918	0.2703
885479-2	8.41±1.05	cd BC	低感	4	低感	4	0.1718	0.2865
Chul (1497)	7.62±1.29	cde BC	中抗	2	高抗	1	0.1136	0.1776
红芒红	7.51±1.34	de C	低感	4	中感	5	0.1911	0.2606
郑州831	6.93±1.55	de CD	低抗	3	中抗	2	0.1336	0.1607
CK	5.49±0.85	e D	低感	4	低感	4	0.1993	0.2475

注:总酚含量以每克鲜重计算

总酚是小麦植株中酚类化合物的总称,含有多种组分,有些组分具有抗蚜性。例如,小麦抗虫品种中的二羟酚与其对禾谷缢管蚜和麦长管蚜的拒食性紧密相关。抗性小麦品种受麦长管蚜、禾谷缢管蚜和麦无网长管蚜危害后,只有麦长管蚜诱导 ρ-香豆酸增加 1 倍,而其余二种蚜虫却使酚酸下降 25％或 45％,下降是由 ρ-

香豆酸减少引起的。

酚类物质的抗蚜机制研究发现:禾谷类植物酚类物质可以影响麦长管蚜体内丁酰胆碱酯酶(butyryl cholinesterase)活性(Le-synzynski et al. ,1996),而丁酰胆碱酯酶在蚜虫神经信号传导中起重要作用;呋喃香豆素(furano coumarins)能与 DNA 交联。蚜虫水溶性唾液中含有多糖酶和多酚氧化酶,刺探时先将酚释放,再将酚氧化成活性更高的醌;而另一方面蚜虫唾液能吸收许多植物酚,然后加以鞣化(tanned),并使之失活。

③生物碱　目前研究较多的生物碱有两类,即来源于大麦的吲哚生物碱-芦竹碱(gramine)和玉米中的喹嗪烷类生物碱(quino-lizidine alkaloids)。芦竹碱在大麦 Hordem 中合成,在麦蚜与寄主互作中有十分重要的作用。麦长管蚜对普通大麦、啤酒大麦和小麦的危害与植株中的芦竹碱含量呈负相关;穗部的吲哚生物含量与麦长管蚜蚜量之间呈显著负相关,但旗叶的含量与该蚜量无显著相关性。虽然人工饲料中加入芦竹碱可以降低麦二叉蚜和禾谷缢管蚜的存活率和繁殖力,但大麦品种芦竹碱含量与抗蚜性无明显相关。由于芦竹碱在禾谷类作物的维管束中没有检测到,因此它的抗蚜机制可能是蚜虫在搜寻韧皮部途径中接触到贮存芦竹碱的部位所致。

④氧肟酸(Hx)　几种禾谷类作物所含有机酸的对昆虫均有抗生作用。氧肟酸是禾谷类作物上一类十分重要的组成型防御次生物质。在健康植物中以无毒葡萄糖苷[2-0-葡萄糖基-4-羟-1,4 苯并噁嗪(4H)-3-酮]的形式存在,当植物受损伤后,通过酶水解转化为环形异羟肟酸即丁布 DIMBOA(2,4-二羟基-7-甲氧基-1,4 苯并噁嗪-3-酮)、DIBOA(2,4-二羟基-1,4-苯并噁酮)和门布 MBOA(6-甲氧基苯并噁唑啉酮)。小麦和玉米中主要含有 DIMBOA,燕麦(rye)主要含有 DIBOA,其浓度与抗虫性高低密切相关。

植物中 Hx 水平变异很大:随植物龄期、叶片龄期、植物部位、植物同一部位的不同组织而异。玉米嫩叶比老叶 Hx 含量高；小麦苗期叶片的维管束中 Hx 浓度最高；玉米叶的侧脉比主脉的 DIMBOA 含量高。丁布存在玉米的韧皮部，而在玉米的木质部、叶片吐水以及表皮叶都未检测到。

丁布的抗蚜性已经得到广泛证明：Hx 能抵抗蚜虫危害。在田间和温室条件下，玉米、小麦、燕麦的 Hx 水平与蚜虫侵染呈显著负相关；在不含 Hx 的大麦叶片中渗入小麦、玉米的 DIMBOA 提取物，叶片可测到的丁布含量，并与麦无网长管蚜危害重度呈显著负相关；人工饲料上检测 Hx 具有很强的抗生性作用：利用人工饲料添加研究表明，麦蚜的内禀增长率、生长发育和存活率与 Hx 含量极显著负相关；麦蚜诱导能提高 Hx 水平和生物合成相关酶的活性。

丁布的抗虫机制：丁布对蚜虫的毒性与其对线粒体内能量传导系统的抑制作用有关，还能抑制神经传导的重要酶乙酰胆碱脂酶的活性。丁布能与亲核的半胱氨酸和赖氨酸等氨基酸残基起反应而抑制许多酶的活性。丁布抑制禾谷类害虫的凝乳胰蛋白酶 (Chymotrypsin) 的活性，主要是使其活性位点丝氨酸残基失活。但是有研究认为丁布对禾谷缢管蚜乙酰胆碱脂酶的抑制，不是通过与核酶底物结合位点上的重要氨基酸半胱氨酸残基结合造成的，而存在别的作用机制。

中国农业科学院植物保护研究所从玉米嫩苗中提取、纯化得到提取物，并利用纸层析、紫外分光光度计和核磁共振（1H-NMR）等分析技术进行结构鉴定，得到了纯化的丁布标准样品；在麦蚜全纯人工饲料中添加研究发现丁布对麦长管蚜的生长发育和繁殖都有明显的抑制作用。

利用 HPLC 法检测了室内种植的不同小麦品种幼苗丁布动态规律及其与抗蚜作用关系（表 7-7），发现小麦苗期叶片中丁布的含量为 0.232～0.389 毫克/千克·鲜重。小麦苗期丁布的含量

与小麦对麦长管蚜的抗性呈正相关,而与抗蚜级别呈负相关(即抗性级别越高,抗虫特性越差),其线性回归式为:

y=0.3929－0.0355x(y 为丁布的浓度,x 为小麦抗性级别,相关系数 r 为－0.8324)。

根据麦长管蚜的危害特点,用高压液谱(HPLC)分析了小麦孕穗期、扬花期、灌浆期叶片和麦穗中丁布的含量。结果表明(图 7-2),小麦孕穗期及以后的各个生育期中丁布的浓度范围为 0～0.09毫克/千克·鲜重(相当于 0～0.009％浓度),明显低于室内麦苗中的含量,而且低于人工饲料中对麦长管蚜起抗性作用的最低浓度0.02％,表明在小麦生育中后期,丁布对麦长管蚜的抗性作用可能很小。

表 7-7 不同抗性小麦苗期叶片中丁布的含量

(刘保川等,2002)

品　种	抗　级	丁布的浓度	显著性
JP1	1	0.344	a A
中 4 无芒	1	0.389	a A
郑州 831	3	0.232	b B
红芒红	4	0.233	b B
郑州 891	4	0.270	b B
885479-2	4	0.286	b B

⑤黄酮类化合物　植物中的黄酮类是一类重要的次生物质,儿茶素、芸香苷、槲皮素和异槲皮素,鱼藤酮等都是黄酮类化合物。在人工饲料加入一些植物源黄酮类化合物对蚜虫有抑制取食或抑制生长作用。高粱中黄酮类物质对蚜虫取食有抑制作用;槲皮素抑制麦二叉蚜发育。小麦组成型和诱导型抗虫性与黄酮类化合物有关。

中国农业科学院植物保护研究所采用 Sephadex LH-20 葡聚糖凝胶柱和 HPLC 分析首次从小麦叶片提取液中分离纯化得到

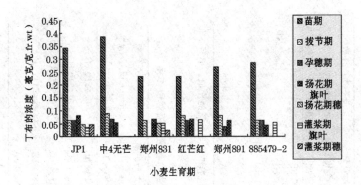

图 7-2　不同抗性小麦主要不同生育期丁布的含量

两种黄酮类化合物 A、B,其纯度分别为 98.8% 和 97.4%。经核磁共振和紫外分光光度计吸收光谱特征等分析技术,鉴定出其结构为异荭草苷和异荭草苷-7-O-阿拉伯糖-葡萄糖苷(其结构式如图 7-3)。将其以不同浓度加入全纯人工饲料中饲养麦长管蚜,结果表明两种黄酮类化合物对麦长管蚜的生长、发育和繁殖均有明显的抑制作用。其中异荭草苷对该蚜有明显的抗生性,其抗性阈值浓度为 0.02% 左右(表 7-8,表 7-9)。

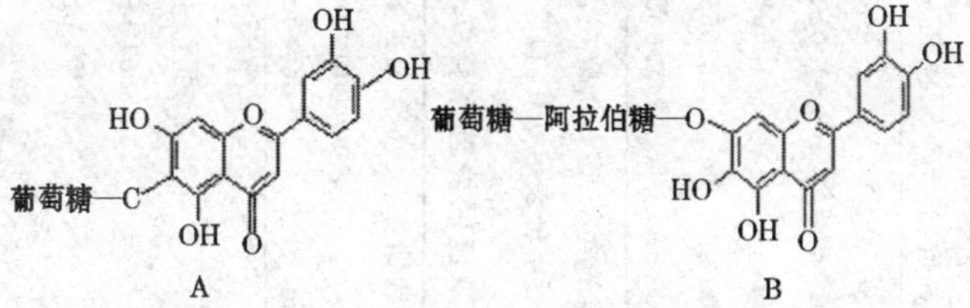

图 7-3　两种黄酮类化合物的结构

A. 异荭草苷(isoorientin)

B. 异荭草苷-7-O-阿拉伯糖-葡萄糖苷(isoorientin-7-O-arabinosylglucoside)

表 7-8 不同浓度的异荭草甙对麦长管蚜主要生命参数的相对值影响

异荭草甙（%）isoorientin	6天死亡率 mortality rate of 6days feed	12天死亡率 mortality rate of 12 days feed	6天平均重量 average weight of 6days feed	12天平均重量 average weight of 12days feed	15天平均产仔数 average progeny produced of 15days feed
0.02	1.4009 aA	1.2220 aA	1.0757 aA	0.6377 bB	0.3099
0.04	0.8007 aA	1.0500 aA	0.9949 aA	0.5046 cC	0
0.06	1.5006 aA	1.5000 aA	0.9949 aA	0.4651 dD	0
0.08	1.4009 aA	2.0553 bB	0.8939 aA	0.4441 dD	0
CK	1.0000 aA	1.0000 aA	1.0000 aA	1.0000 aA	1.0000

注:主要参数相对值的含义:麦长管蚜在含有不同浓度的异荭草甙的人工饲料中的饲养结果与对照的比值。小写字母表示 0.05 显著水平,大写字母表示 0.01 显著差异（n=5）。下同。

表 7-9 不同浓度的异荭草甙-7-O-阿拉伯糖葡糖甙对麦长管蚜主要生命参数的相对作用

异荭草甙-7-O-阿拉伯糖葡糖甙（%）isoorientin-7-O-arabinosyl-glucoside	6天死亡率 mortality rate of 6 days feed	12天死亡率 mortality rate of 12 days feed	6天平均重量 average weight of 6days feed	12天平均重量 average weight of 12 days feed	15天平均产仔数 average progeny produced of 15 days feed
0.02	1.5004 bB	1.8998 bB	1.0100 aA	0.8139 bB	0.4210 cC
0.04	2.0001 bB	2.4997 cBC	1.1111 aA	0.5581 cC	0.4210 cC
0.06	1.5004 bB	2.3995 cBC	1.0101 aA	0.6744 cC	0.5756 bB
0.08	2.1253 bB	2.8992 cC	1.0606 aA	0.6777 cC	0.4447 cC
CK	1.0000 aA	1.0000 aA	1.0000 aA	1.0000 aA	1.0000 aA

⑥几种次生物质对麦蚜的抗性阈值和交互作用　已有研究发现小麦植株的酚类物质如总酚、单宁、丁布，黄酮类如槲皮素，含氮化合物如乌头酸、芦竹碱是小麦防御害虫的重要次生代谢物。不同抗性小麦次生物质常常不是单一存在，而是混合存在，几类次生物质分别对麦蚜单独和复合剂量反应，可为抗蚜育种提供理论依据。

几种次生物质对麦长管蚜及禾谷缢管蚜作用阈值：采用麦蚜全纯人工饲料加不同浓度次生物质的薄膜饲养技术，研究了 7 种次生物质分别对麦长管蚜及禾谷缢管蚜生长、发育及若蚜增重等生命参数的影响。以存活率、蜕皮指数、若蚜增重量为因子，对同一种次生物质的不同浓度进行聚类分析，由此得到不同次生物质抗蚜阈值（表 7-10）。结果表明，除芸香苷外其余几种次生物质具不同程度的抗蚜性，统计分析得到不同次生物质抗蚜阈值。单宁酸、总酚、香豆素和单宁酸、儿茶素、香豆素、门布分别是抗麦长管蚜和禾谷缢管蚜的次生物质。

表 7-10　次生物质对麦蚜的抗性阈值

次生物质名称	阈值浓度（%）	
	麦长管蚜	禾谷缢管蚜
单宁酸	0.05	0.03
总　酚	0.08	0.095
儿茶素	0.095	0.065
槲皮素	0.095	0.08
香豆素	0.065	0.035
芸香苷	—	—
门　布	0.095	0.05

四种次生物质对麦长管蚜的复合作用：为了弄清楚单宁酸、总

酚、丁布和门布 4 种次生物质对麦长管蚜的复合作用,采用四因子五水平的二次通用旋转组合设计方法安排实验,试验因素见表 7-11。依据试验结构矩阵,共设 31 个组合,每个组合饲养 60 头麦长管蚜,以 18 天内存活率的平均值作为因变量(Y),建立回归方程式,计算回归系数及显著性,以此评判因子贡献大小,及其是否存在交互作用。

表 7-11　因子水平及编码值

编码	X_1(单宁酸%)	X_2(总酚%)	X_3(丁布%)	X_4(门布%)
+2	0.06	0.06	0.02	0.04
+1	0.045	0.045	0.015	0.03
0	0.03	0.03	0.01	0.02
−1	0.015	0.015	0.05	0.01
−2	0	0	0	0

注:总酚以没食子酸代替。

按二次通用旋转组合设计计算回归系数,建立回归方程式:

$$Y = 78.18 - 14.13X_1 - 9.89X_2 - 0.71X_3 - 0.88X_4 - 5.40X_1X_2 + 0.85X_1X_3 - 1.63X_1X_4 + 1.84X_2X_3 + 0.95X_2X_4 + 1.06X_3X_4 - 3.78X_1^2 - 2.88X_2^2 + 0.16X_3^2 - 0.50X_4^2$$

$R^2 = 0.9360$　　$Se = 4.3629$

回归式显著性测定结果 $F_2 = 16.74 > F_{0.01} = 3.45$,差异极显著,表明该回归式很好地反映出实际情况;而且回归方程式经失拟性检验 F_1 值不显著($F_1 < F_{0.05}$),说明方程中没有忽略其他重要因素。

回归系数的显著性经 t 测验结果表明,对麦长管蚜存活率影响最明显是 X_1(单宁酸)和 X_2(总酚)(达 1%显著水平),其次是总酚与单宁酸(X_1X_2)的交互作用(达 5%显著水平)和单宁酸与门布(X_1X_4)的交互作用,总酚与丁布(X_2X_3)交互作用也有一定的影响(近于 20%显著水平)。

　　统计结果表明,单宁酸与总酚之间交互项(X_1X_2)有显著的负系数,其对麦长管蚜存活率存在相互加重的负作用,表明二者存在正的交互作用,此外单宁酸与门布(X_1X_4)存在一定的正的交互作用,总酚与丁布(X_2X_3)有一定的负的交互作用(拮抗作用),但 t 值不显著。

　　对 31 个组合麦长管蚜存活率的方差分析结果表明(表 7-12),有 5 个组合对麦长管蚜存活率显著不利,其中对存活率最不利的组合是单宁酸为 2 水平,其余三种次生物质为 0(零)水平的第 17 号组合:对照可知表 7-11 单宁酸含量 0.06%,总酚含量为 0.03%,丁布为 0.01%,门布为 0.02%;其次是单宁酸、总酚为 1 水平,丁布、门布为 -1 水平的第 4 号组合:单宁酸和总酚为 0.045%,丁布 0.005%,门布 0.01%,均表现对麦长管蚜具有强的抗生性。

表 7-12　对麦长管蚜存活率显著不利的次生物质组合

因　子	次生物质组合(共计 31 个组合)					
组合编号	2	1	3	4	17	CK(15)
单宁酸(X_1)	1	1	1	1	2	-1
总酚(X_2)	1	1	1	1	0	-1
丁布(X_3)	1	1	-1	-1	0	-1
门布(X_4)	-1	1	1	-1	0	1
存活率(%)	43.84	40.33	39.04	38.3	36.51	95.34

　　(3)次生物质抗蚜的分子机制　　次生物质抗蚜作用方式可能是与其直接作用蚜虫的各种酶类有关。相关靶标酶包括,丁酰胆碱酯酶、乙酰胆碱酯酶和一些解毒酶及消化酶等,从而抑制或阻断蚜虫的取食及食物的利用或增加中毒机会。

　　为了了解小麦几种主要次生物质对麦长管蚜几种酶活力的影响,借助麦蚜人工饲料研究明确了小麦几种主要次生物质单宁酸、总酚（没食子酸）和香豆素对麦长管蚜的存活、生长和发育有明显的抑制作用，其抗蚜阈值浓度分别为 0.06％、0.08％和 0.065％。再用昆虫酶系体外抑制法，研究上述 3 种次生物质的抗蚜阈值浓度对麦长管蚜的糖转化酶和解毒酶活力的影响，结果（图 7-4、图 7-5、图 7-6）表明，0.06％单宁酸强烈抑制麦长管蚜蔗糖酶、海藻糖酶、羧酸酯酶（CarE）和谷胱甘肽 S-转移酶（GST）的活力；0.08％没食子酸显著抑制蔗糖酶、CarE 和 GST 的活力；0.065％香豆素极显著地抑制 GST 活力。

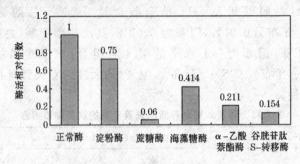

图 7-4　单宁酸对五种酶活相对倍数影响

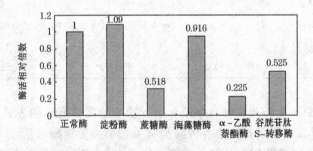

图 7-5　没食子酸对五种酶活相对倍数影响

　　（4）氨基酸　氨基酸可分为蛋白质氨基酸和非蛋白氨基酸（non-protein amino-acid）。

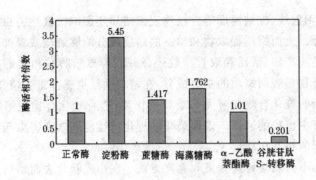

图 7-6 香豆素对五种酶活力相对倍数影响

有些营养物质如氨基酸的含量与抗蚜性相关。例如,小麦品种中的亮氨酸、异亮氨酸、脯氨酸、缬氨酸的含量与麦长管蚜的内禀增长力(rm)呈负相关;小麦中酪氨酸有助于提高抗蚜性水平,即酪氨酸含量越高的品种,抗蚜性越强。

非蛋白氨基酸是指不能被植物用于合成蛋白质的氨基酸,目前已鉴定的达 400 多种(陈晓亚,1996),多分布于豆科植物中,但其他科属植物中如禾本科也存在。已有研究发现非蛋白氨基酸与品种对麦长管蚜抗生有关,抗蚜的小麦品种 Lasko 穗部含有鸟氨酸、β-丙氨酸、γ-氨基丁酸的总量比感蚜品种 Grado 明显高。非蛋白氨基酸的抗蚜方式以及抗蚜机制尚不清楚,可能是直接作用于味觉信号系统。

2. 植物对蚜虫驱避性的生化及分子机制 植物对害虫的驱避性和非嗜好性,必定存在影响昆虫正常行为的形态与化学因子。下面主要就小麦叶片的表面蜡质以及挥发物对麦蚜寄主选择和驱避作用研究进行介绍。

(1)小麦体表蜡质对蚜虫寄主选择的影响 植物表面蜡质具有防止植株体内水分的散失和外界水分进入的作用,还能够抵抗各种各样生物与非生物侵害,这些侵害包括真菌病害、植食性昆虫、太阳射线、冻结温度等。植物表面蜡质还影响植食性害虫的寄主选择。表面蜡质提取物和单一的蜡质成分能够刺激或者抑制植食性昆虫产卵、活动和取食。烷烃、蜡酯、游离脂肪醇和酸等脂肪族化合物是表面蜡质的主要成分,在植食性昆虫选择寄主植物中,长链脂肪族化合物起着尤为重要的作用;芳香族化合物也影响昆虫对寄主植物的选择。表面蜡质的理化特性能够改变害虫与寄主植物间的相互作用。

①小麦表面蜡质分离和鉴定方法 在小麦叶片表面蜡质采用三氯甲烷法提取、并利用气相色谱-质谱联用(GC-MS)分离和鉴定,测定了16种不同小麦品种的叶表蜡质成分,初步分析发现不同抗虫品种及不同生育期各组分存在差异。

②小麦叶片表面蜡质的化学成分 对提取的小麦叶片表面蜡质进行 GC-MS 分析,分离图谱各峰及对应的化合物名称见图7-7。检测结果表明,从小麦叶片 GC-MS 表面蜡质中可分离鉴定出30种化合物,主要为脂肪醇、脂肪酸和烷烃,也分离出少量的醛和酮。其中,脂肪醇的碳原子数变化范围为 $C_{20} \sim C_{32}$,且为偶数碳原子饱和脂肪醇,具体为 C_{20} 醇、C_{22} 醇、C_{24} 醇、C_{26} 醇、C_{28} 醇、C_{30} 醇和 C_{32} 醇;脂肪酸的碳原子数变化范围为 $C_{14} \sim C_{28}$,大部分是偶数碳原子饱和脂肪酸,也有少量奇数碳原子饱和脂肪酸和偶数碳原子不饱和脂肪酸,分别为 C_{14} 酸、C_{16} 酸、C_{17} 酸、C_{18} 烯酸、C_{18} 酸、C_{20} 酸、C_{22} 酸、C_{24} 酸、C_{26} 酸和 C_{28} 酸;烷烃的碳原子数变化范围为 $C_{21} \sim C_{31}$,主要为奇数碳原子饱和烷烃,也有少量奇数碳原子不饱和烷烃和偶数碳原子饱和烷烃,分别为 C_{21} 烷烃、C_{22} 烷烃、C_{23} 烯烃、C_{23} 烷烃、C_{25} 烷烃、C_{26} 烷烃、C_{27} 烷烃、C_{29} 烷烃和 C_{31} 烷烃;醛为 C_{26} 醛和 C_{28} 醛;酮为 C_{29} 酮和 C_{31} 酮。

对分离出的表面蜡质各组分的峰面积进行计算和比较,结果(图7-8A)表明,脂肪醇的含量最高,其次为烷烃,分离出的酮含量低。脂肪醇占已分离出物质总量的68.1%,脂肪酸占7.9%,烷烃

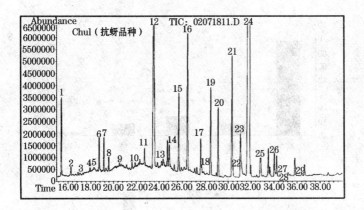

图 7-7　小麦表面蜡质部分化合物总离子流图　（王美芳等，2008）

1. C_{16}酸；2. C_{21}烷烃；3. C_{17}酸；4. C_{22}烷烃；5. C_{18}烯酸；6. C_{18}酸；7. C_{23}烯烃；8. C_{23}烷烃；9. C_{20}醇；10. C_{20}酸；11. C_{25}烷烃；12. C_{22}醇；13. C_{26}烷烃；14. C_{22}酸；15. C_{27}烷烃；16. C_{24}醇；17. C_{26}醛；18. C_{24}酸；19. C_{29}烷烃；20. C_{26}醇；21. C_{28}醛；22. C_{26}酸；23. C_{31}烷烃；24. C_{28}醇；25. C_{28}酸；26. C_{30}醇；27. C_{29}二酮；28. C_{31}二酮；29. C_{32}醇(注：峰 12 为 C_{22}醇与其他化合物的混合峰)

占 13.2%，醛占 8.5%，酮占 2.3%。脂肪醇是蜡质的主要成分，其中的 C_{28} 醇占已分离出物质总量的 50.14%。

对小麦孕穗—抽穗期和返青—拔节期叶片表面蜡质组分进行分析，结果（图 7-8）表明，两个生育期各化合物的含量存在明显差异。如图 7-8B 所示，在两个生育期中脂肪醇是蜡质的主要成分，其中以 C_{28} 醇的含量最高；对于脂肪酸（图 7-8C），C_{16} 酸的含量最多，C_{17} 酸在返青—拔节期普遍存在，而在孕穗—抽穗期其含量低，无法统计；C_{14} 酸也普遍存在于各品种中；对于烷烃（图 7-8D），C_{29} 烷在孕穗—抽穗期含量最高，而在返青—拔节期 C_{27} 烷和 C_{31} 烷的含量较高；蜡质中的二酮在返青—拔节期含量低，无法统计，在孕穗—抽穗期含量升高。

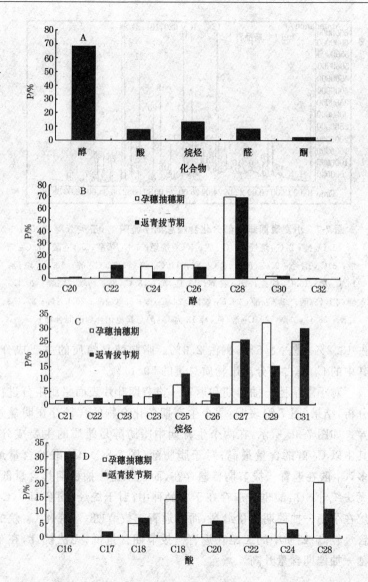

图 7-8 小麦叶片表面蜡质各类组分的相对含量 （王美芳等,2008）

③小麦不同生育期叶表蜡质组成的变化　对上述两个生育期各成分进行比较可知，总醇、C_{20}醇、C_{22}醇、C_{17}酸、C_{18}酸、C_{20}酸、C_{22}酸以及烷烃（除C_{29}烷烃外）的百分含量在孕穗—抽穗期比返青—拔节期的低，醛、C_{28}醇、C_{16}酸在两个时期差异不大。

④不同抗性品种麦苗叶表蜡质成分含量比较　抗蚜与感蚜小麦品种表面蜡质的组成变化不大，对各组分含量分析比较可知，多数成分的含量抗虫品种高于感虫品种，其中醇、酸和醛的含量均存在随小麦品种抗蚜性增强而升高的趋势；室内、田间小麦苗期及孕穗—抽穗期表面蜡质中所含的C_{28}醇、C_{28}酸、C_{18}酸和C_{18}烯酸以及C_{26}醛、C_{28}醛的含量也随抗性增加而升高。将不同品种田间苗期叶表蜡质中含量较高的C_{28}酸、C_{28}醇、C_{28}醛、C_{26}醛和C_{16}酸单独列出，方差分析及新复全距检验结果（表7-13）表明，不同抗性品种上述各组分的含量差异显著，总的来说，抗虫品种中上述各物质的含量比感虫品种的高。

小麦苗期蜡质中C_{28}醇、C_{30}醇、C_{28}酸、C_{28}醛、C_{26}醛、C_{16}酸的含量在小麦品种间变异较大。抗蚜虫品种L1和JP2的C_{28}醇含量显著高于感虫品种郑州831（Z831），抗蚜虫品种JP2和L1的C_{28}酸含量显著高于感蚜虫品种郑州891（Z891）。但有趣的是抗蚜虫品种KOK（具不选择性抗性）与感蚜虫品种间的差异不显著。抗蚜虫品种CHUL田间麦苗中C_{28}醇的量比较低，甚至低于感蚜虫品种郑州891和郑州831的含量；室内苗上CHUL和JP2所含C_{28}醇的量低于感蚜虫品种郑州891的含量。C_{16}酸的含量随抗性增加而升高（除了在感蚜虫品种郑州891的含量比抗蚜虫品种的高以外）。

孕穗—抽穗期是小麦蚜虫严重危害的时期，测定该时期各供试品种叶片表面蜡质成分，比较抗蚜虫品种与感蚜虫品种叶表的蜡质成分，结果（表7-13）表明，C_{28}醇、C_{30}醇、C_{24}醇、总醇、C_{28}酸、C_{18}酸、C_{18}烯酸、C_{26}醛、C_{28}醛的含量均表现抗蚜虫品种高于感蚜虫品种,各烷烃则没有明显的变化。大部分抗蚜虫品种中酮的含量低,感蚜虫品种郑州 891 在返青—拔节期与孕穗—抽穗期均有二酮的统计结果,抗蚜虫品种 KOK 与低抗品种郑州 831 则仅在孕穗—抽穗期有二酮的统计结果,二酮含量表现为抗蚜虫品种 KOK 低于郑州 891,C_{29} 酮含量则为低抗品种郑州 831 高于感蚜虫品种郑州 891。

⑤不同表面蜡质对麦蚜取食的影响 麦长管蚜和禾谷缢管蚜对不同小麦品种(系)叶片表面蜡质的搜寻时间、口针首次刺探历时和 5 分钟内刺探次数试验结果表明,山农 01-80、山农 01-18 和淄麦 12 叶片表面蜡质对麦长管蚜取食具有一定的刺激作用;淄麦 12 叶片表面蜡质能刺激禾谷缢管蚜取食。另外,在山农 01-87 中鉴定出了 7-十四碳烯、十四烷酸乙酯和十六烷酸乙酯;山农 01-18 和 01-80 中分别鉴定出了 8-十五烷酮和甲基甾酮,山农 01-18 还鉴定出十六烷酸乙酯。生物测定结果表明(表 7-14、表 7-15)长链烷烃($>C_{17}$)、7-十四碳烯及 8-十五烷酮对两种蚜虫取食具有一定的刺激作用。

表 7-13 田间不同品种苗期叶片表面蜡质主要物质相对含量比较

品种名称 Cultivars	C_{28}醇 Octacosanol		C_{30}醇 Triacontanol		C_{28}酸 Octacosanoic acid		C_{28}醛 Octacosanal		C_{26}醛 Hexacosanal		C_{16}酸 Hexadecanoic acid	
KOK	22928	abc	445	b	674	b	2731	a	259	a	1401	ab
L1	26324	a	725	a	1064	a	2748	a	131	b	1443	ab
CHUL	18490	c	660	a	690	b	1784	b	—	—	1278	ab
JP2	24254	ab	736	a	1021	a	2812	a	136	b	1062	b
N885479	22697	abc	443	b	591	b	2796	a	121	b	1214	ab
M169	19581	bc	390	b	606	b	2843	a	170	b	1190	a
Z831	20092	bc	695	a	570	b	2391	ab	110	b	1123	ab
Z891	21878	abc	637	b	485	b	2145	ab	123	b	1693	ab

小写字母表示品种间差异达 $P<0.05$ 水平；"—"表示未进行统计

表 7-14　不同小麦叶片蜡质组分对麦长管蚜的的生物活性

（刘勇等，2007）

化合物	停留时间（秒）	停留时间超过3分钟的蚜虫（头）	显著性 P＜0.05	P＜0.01
8-十五烷酮	154.00 25.86	2	a	A
三十一烷	132.58 33.01	3	b	AB
7-十四碳烯	127.06 22.41	1	bc	ABC
三十二烷	119.86 26.15	2	bcd	BC
二十四烷	109.24 26.32	1	cd	BC
二十五烷	100.11 26.56	1	d	C
十七烷	60.20 10.92	1	e	D
十四烷	55.06 13.91	0	e	D
三氯甲烷	46.95 8.78	1	e	D
十四烷酸乙酯	25.67 4.33	0	f	D
乙基柠檬酸	25.00 5.38	0	f	D
十六烷酸乙酯	23.55 3.84	0	f	D

表 7-15　不同小麦叶片蜡质组分对禾谷缢管蚜的的生物活性

（刘勇等，2007）

化合物	停留时间（秒）	停留时间超过3分钟的蚜虫（头）	显著性 P＜0.05	P＜0.01
8-十五烷酮	163.11 9.17	5	a	A
三十一烷	136.69 29.78	2	b	B
二十五烷	126.11 19.14	3	bc	BC
三十二烷	114.64 24.21	4	c	BC
二十四烷	113.80 24.20	1	c	BC
7-十四碳烯	107.73 22.89	4	c	C
十四烷	63.51 15.41	1	d	D
十七烷	54.49 14.69	1	d	D
三氯甲烷	43.33 6.91	0	d	D
乙基柠檬酸	27.78 4.86	0	de	D
十四烷酸乙酯	22.11 3.25	0	e	D
十六烷酸乙酯	21.67 3.00	0	e	D

（2）小麦挥发物对蚜虫化学防御作用 植物挥发性物（volatile infochemicals）的化学防御功能，除了对植食性昆虫具有驱避作用的直接防御外，可以通过调节第三营养级（天敌）而间接地防御昆虫，因此是植物-植食性昆虫-天敌三营养级中信息传递的重要媒介。下面分别就小麦挥发物组成，对蚜虫驱避或引诱，对蚜虫天敌寻找寄主的作用，以及挥发物对蚜虫化学防御作用及其应用进行介绍。

小麦挥发物组成：植物挥发物是指一类源于植物的挥发性次生物质，主要包括烃类、醇、醛、酮、酯、有机酸和萜烯类化合物，其分子量为 100～250。以对蚜虫具有驱避性或不选择的小麦抗性品种进行挥发物组分研究。

小麦挥发物的收集、浓缩与鉴定方法：采用齐土剪下干净的 2～3 叶期麦苗 250 克，并以脱脂湿棉球在其茎基部保湿。抽气吸附 24 小时（12 小时后更换麦苗一次），气流量 1 升/分。以 Tenax GR 为吸附剂，重蒸正己烷洗脱，吹 N2 浓缩为 2 毫升，收集的样本分析前置于 -20℃ 冰箱中保存。GC-MS 分析条件：气谱 HP6890 联用 HP5973 质谱仪，HP6890 工作站。毛细管柱 HP19091J-433HP-5（30 米×0.25 毫米）进样口温度 200℃，无分流进样。GC-MS 接口温度 280℃，程序升温，柱温 50℃～200℃，5℃/分；200℃ 保持 2 分钟。电离能 70ev，载气 99.999% 氦气，流量 1.0 毫升/分，流速 36 厘米/秒。进样量通常为 1 微升。

不同抗性小麦品种挥发物的组成与差异：采用 GC-MS 鉴定不同抗虫品种挥发物的组成，即小麦品种化学指纹图。比较以不选择性为主的抗虫品种 KOK 和感虫品种北京 837 的化学指纹图可知，其挥发物组分的主要不同点是 KOK 中鉴定出了 6-甲基-5-庚烯-2-醇 和水杨酸甲酯，北京 837 中鉴定出了丁酸-顺-3-己烯酯、2-莰酮和甲基萘。从以上结果表明小麦品种间，其挥发物组分是存在差异的。

从北京 837 的无蚜和有蚜植株挥发物组分鉴定结果看,差异很大,就挥发物种类来说,有蚜植株多出了 2-莰烯、6-甲基-5-庚烯-2-酮、6-甲基-5-庚烯-2-醇和水杨酸甲酯;从相对含量看,有蚜植株的反-2-己烯醛和苯甲醛有较大提高。

各峰鉴定如下:1. 反-2-己烯醛;2. 反-2-己烯醇;3. 苯甲醛;4. 辛醛;5. 丁酸-顺-3-己烯酯;6. cis-Linaloloxide;7. Linaloloxide A;8. 里那醇;9. 3,7-二甲基-1,5,7-辛三烯-3-醇;10. 3-乙基-2,5-二甲基-1,3 己二烯;11. 2-莰酮;12. 未知;13. 2,6-二甲基-1,7 辛二烯-3,6 二醇;14. 未知;15. 萘;16. 十四烷;17. 十五烷;18. 十六烷。

小麦挥发物对麦蚜嗅觉反应的影响:小麦挥发物对蚜虫嗅觉反应采用四臂嗅觉仪测定,图 7-9 为其示意图。

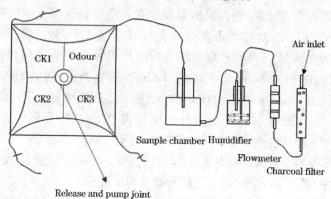

图 7-9 四臂嗅觉仪工作图

研究发现,蚜害诱导挥发物中的 6-甲基-5-庚烯-2-酮、6-甲基-5-庚烯-2-醇和水杨酸甲酯对麦长管蚜及禾谷缢管蚜表现出强的驱避作用;反-2-己烯醛对麦长管蚜的有翅和无翅蚜的吸引作用最强;反-2-己烯醇对禾谷缢管蚜的无翅蚜吸引作用最大,反-3-己酰醋酸酯对禾谷缢管蚜有翅蚜的吸引作用最强；长链烷烃及莰烯、莰酮和萘无作用。此外，蚜虫报警激素反-β-法尼烯对两种蚜虫有强的驱避作用。

蚜虫对小麦挥发物刺激引起的电生理反应用触角电位（electroantennogram EAG）技术来测定（图7-10）。

利用EAG技术比较分析了活体麦长管蚜和禾谷缢管蚜有翅及无翅成蚜对小麦挥发物及麦蚜取食诱导挥发物组分的嗅觉反应：麦长管蚜对水杨酸甲酯、反-2-己烯醛、反-2-己烯醇、6-甲基-5-庚烯-2-酮和6-甲基-5-庚烯-2-醇的反应较强，禾谷缢管蚜对水杨酸甲酯、反-3-己酰醋酸酯、6-甲基-5-庚烯-2-酮和6-甲基-5-庚烯-2-醇的反应较强，并得到了剂量反应曲线。麦长管蚜的有翅和无翅成蚜对6-甲基-5-庚烯-2-酮、反-2-己烯醇和水杨酸甲酯的反应差异显著；禾谷缢管蚜的有翅和无翅成蚜对反-2-己烯醇、辛醛、里那醇、水杨酸甲酯和反-3-己酰醋酸酯的EAG反应差异显著，其原因与禾谷缢管蚜迁移及转主危害的生物学特性有关。对小麦不同品种全组分挥发物的EAG测定结果与行为测定结果基本吻合。

小麦挥发物对麦蚜天敌的行为反应的影响：燕麦蚜茧蜂：通过"Y"形管嗅觉测定试验及风洞网幕试验证明，在较长距离范围内寄生性天敌燕麦蚜茧蜂的寄主定位视觉刺激不是最主要的，麦长管蚜和禾谷缢管蚜本身对燕麦蚜茧蜂的吸引作用较低，而麦蚜与寄主植物复合体和其危害的寄主植物的吸引作用较强。

EAG（图7-10）、"Y"形管（表7-16）及风洞测定结果表明，麦蚜取食诱导挥发物2-莰烯、6-甲基-5-庚烯-2-酮、6-甲基-5-庚烯-2-醇是燕麦蚜茧蜂寻找寄主麦蚜的最主要的化学信息物质。通过EAG测定得到了此3种物质的剂量反应曲线（图7-11）。

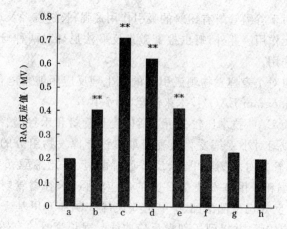

图 7-10　燕麦蚜茧蜂对各挥发物的 EAG 反应

（注：a：正己烷；b：2-莰烯；c：6-甲基-5-庚烯-2-酮；

d：6-甲基-5-庚烯-2-醇；e：反-β 法尼烯；

f：反-2-己烯醛；g：苯甲醛；h：水杨酸甲酯；图 7-12,7-13 同）

注：＊＊：经方差分析与多重比较与对照比差异极显著（$P < 0.01$）

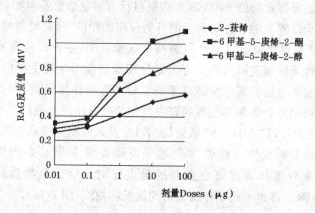

图 7-11　燕麦蚜茧蜂对三种活性组分的剂量反应曲线

表 7-16　燕麦蚜茧蜂对不同化合物的嗅觉反应

化合物	实验蜂数	反应蜂数	2	显著性 P
2-莰烯	40	27	5.58	0.018
6-甲基-5-庚烯-2-酮	44	35	23.61	<0.001
6-甲基-5-庚烯-2-醇	42	31	12.32	0.001
反-β-法尼烯	43	29	5.96	0.015
反-2-乙烯醛	38	20	0.11	0.745
苯甲醛	44	21	0.09	0.763
水杨酸甲酯	40	24	1.67	0.197

瓢虫及草蛉类:捕食性天敌昆虫对麦蚜取食诱导挥发物和蚜早报警激素反-β-法尼烯都有较高的 EAG 反应值(如图 7-12 和图 7-13)。七星瓢虫和龟纹瓢虫对 6-甲基-5-庚烯-2-酮、6-甲基-5-庚烯-2-醇的反应较大;中华草蛉和大草蛉对 6-甲基-5-庚烯-2-醇和水杨酸甲酯的反应较大,七星瓢虫对 6-甲基-5-庚烯-2-醇的反应值最大,为 0.96 ± 0.18mv;4 种天敌对苯甲醛的 EAG 反应值较低,对反-2-己烯醛无反应。"Y"形管嗅觉测定结果表明,4 种天敌昆虫对 2-莰烯、6-甲基-5-庚烯-2-酮、6-甲基-5-庚烯-2-醇、反-β-法尼烯和水杨酸甲酯具有正趋性。

目前,对于上述已鉴定出的对蚜虫具有驱避作用,对天敌具有引诱作用的挥发物,正逐步研发出新型的蚜虫防控技术,如将这些挥发物分别用缓释微胶囊材料包裹,做成缓释器,在田间释放,可有效控制蚜虫的危害,减少蚜传病毒的发生危害。

3. 小麦诱导抗虫性及分子机制

(1)小麦诱导防御及其途径　在漫长的植物—昆虫互作过程中,植物进化形成了一系列抵御昆虫危害的策略来影响昆虫的定居、取食、产卵、生长发育以及生殖行为。这些防御策略可以分成

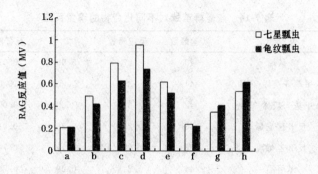

图 7-12 七星瓢虫和龟纹瓢虫对各挥发物的 EAG 反应图

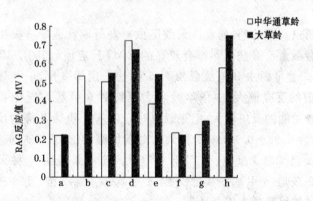

图 7-13 中华通草蛉和大草蛉对各挥发物的 EAG 反应图

两类：组成型防御和诱导型防御。组成型防御是指在植物中原本就存在的阻碍昆虫和病原菌侵染的物质，既包括阻止病原物和昆虫危害的物理障碍（如细胞壁、胼胝质、木质素）和毒素（单宁酸、丁布等），也包括贮存在植物体内的抑制昆虫聚集的种间感应化合物。诱导型防御则是由昆虫少量取食后诱导产生的，既包括直接防御—增加有毒的次生代谢物或产生防御蛋白（如蛋白酶抑制剂 PI、多酚氧化酶 PPO、脂氧合酶 LOX、α-淀粉酶抑制剂、过氧化物酶、几丁质酶、β-1,3 葡聚糖酶、病程相关蛋白 PR 等)对昆虫的生理代谢产生不利的影响,也包括间接防御—释放挥发性化合物吸引天敌来控制昆虫的数量、并同时对邻近植株产生影响。与组成型防御相比,诱导型防御具有更高的能量利用效率,是一种更为经济有效的防御机制,是植物—害虫的协调进化的结果。因此植物的诱导防御受到了越来越多的重视,并在生理、生化、化学生态和分子生物学等方面取得了很大的进展。

植物诱导防御反应途径分为三个层次:激发—信号传导—防御基因表达。激发是在激发子参与下完成的。所谓激发子是一类能诱导寄主植物产生防御反应的特殊化合物的总称。激发子分为外源激发子、内源激发子和非生物激发子。

小麦诱导防御在许多小麦品种中存在,小麦诱导防御途径主要有 3 条,即茉莉酸 (JA)介导的信号传导途径,水杨酸(SA)介导的信号传导途径,萜类介导的防御信号途径。

①JA 介导的类十八烷途径　植物受昆虫取食危害后,细胞膜脂释放亚麻酸,亚麻酸在脂氧合酶(LOX)、丙二烯氧化物合成酶(AOS)、丙二烯氧化物环化酶(AOC)及 β 氧化作用下最后生成 JA 及其衍生物(如茉莉酸甲酯 MeJA)。JA 合成之后即与膜上的受体相结合而启动防御基因的转录转译,并由此产生防御蛋白或防御酶如蛋白酶抑制剂(PI)、多酚氧化酶(PPO)、脂氧合酶(LOX)、α-淀粉酶抑制剂、过氧化物酶等。

②SA 介导的类苯丙烷途径　在产生防御物质方面的作用也不可忽视。苯丙氨酸解氨酶(PAL)是第一个关键酶也是限速酶,而水杨酸(SA)是苯丙氨酸途径的一个重要的产物。例如,蚜虫取食大麦后即引起类苯丙烷途径的关键酶-苯丙氨酸解氨酶(PAL)的活性急剧升高。β-1,3 葡聚糖酶(β-1,3-glucanase)、病程相关蛋白(PR)、几丁质酶等是类苯丙烷途径的主要防御产物。

③萜类介导的防御信号途径　虫害诱导的萜类化合物大多是

单萜、双萜、倍半萜及其衍生物。法尼烯基合成酶（FPS）是合成类异戊二烯物质关键调控酶，FPS 的转录水平调控着萜类物质的合成。许多萜类挥发物具有驱避害虫，招引天敌的作用。

（2）小麦诱导抗虫性检测方法　小麦诱导抗虫性检测通常采用与小麦抗虫性相同的方法，一是从蚜虫生命参数变化、取食行为的变化进行测定；二是从小麦的抗虫物质含量的变化。

由于小麦受各种抗虫因子诱导后，其防御反应在 1～2 小时内就已启动，但抗虫物质合成和含量的变化往往会滞后。因此，从分子生物学水平，以 3 种防御信号途径中关键防御酶的测定，以及应用了更为准确的定量方法-荧光定量 PCR 方法在转录水平上测定了防御酶基因表达的变化，从而建立以三种信号传导途径关键酶（脂氧合酶 LOX、多酚氧化酶 PPO、苯丙氨酸解氨酶 PAL 和 β-1, 3-葡聚糖酶）活力及防御基因（法尼烯基式合成酶基因 fps、苯丙氨酸解氨酶基因 pal、丙二烯氧化物合成酶基因 aos）转录水平的变化为基础的，小麦诱导抗性的快速分子检测技术（图 7-14）。

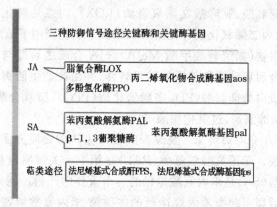

图 7-14　小麦诱导抗性的快速分子检测技术

JA：茉莉酸介导的信号途径　SA：水杨酸介导的信号途径

（3）各类激发子对小麦诱导防御作用及机制　小麦诱导抗蚜

性研究发现,蚜虫取食、蚜虫唾液粗提物、蚜虫唾液中酶组分、蚜虫取食诱导挥发物、以及化学诱导剂如茉莉酸、水杨酸甲酯等均为诱导小麦抗性相关因子,即诱导子(或激发子)。

①蚜虫取食　从几种酶活力水平看,在蚜虫取食(图7-15、表7-17)后LOX的活力不断升高,48小时达到活性高峰,72小时稍有下降;PPO在48小时出现一活性高峰(差异显著),而在其他时间点上与对照几乎一致。PAL活力在12小时后急剧升高,48小时出现活性高峰,随后迅速下降。β-1,3葡聚糖酶的活力变化呈现低—高—低—高的趋势,两个活性高峰分别出现在24和72小时。

表7-17　蚜虫取食对防御酶活性的影响差异显著性分析

S	LOX	PPO	PAL	β-1,3-glucanase
12h	++	-	-	-
24h	++	-	+	++
48h	++	+	++	+
72h	++	-	-	++

注:"+"表示进行t检验的处理与对照间在0.05水平上差异显著。"++"表示处理与对照间在0.01水平上差异极显著。"-"表示处理与对照间无显著差异。下表同。

从基因水平来看,蚜虫取食后,JA介导的信号传导途径的关键酶基因aos,SA途径的关键酶基因pal以及萜类物质合成的关键酶基因fps的表达水平都有不同程度的升高。fps在处理12小时之前表达量受到抑制,约为CK的一半,24小时后逐步升高,但升高幅度较小,为CK的2倍;72小时为CK的3倍;aos的相对表达量变化十分明显,于24小时达到表达高峰,并持续至48小时;pal的相对表达量在处理后48小时内也表现出较明显的升高趋势,为CK的2～3倍。

②机械损伤　经机械损伤后叶片中酶活力变化如图7-16及表7-18,LOX活力变化趋势与上述蚜虫取食几乎一致;PPO在48小时前其活力一直处于增强状态(与对照相比差异极显著),72

小时急剧下降至对照水平相当；β-1,3葡聚糖酶只在48小时处出现活力高峰（差异极显著），其余时间均未见变化；对于PAL,48小时前其活力几乎无变化,48小时后略有升高,但仍未达显著水平。机械损伤诱导能显著增强fps、aos的转录活性,而对pal的表达无明显影响；12小时fps的相对表达量最大（约为CK的15倍）,之后逐渐降低至CK几乎相等;aos的表达情况为12、24、48小时逐渐增加,48小时与对照相比表达最强烈,而72小时表达量几近于0;pal在整个处理过程中的表达并未发生改变,一直与CK保持一致。

　　由上述结果看出,蚜虫取食后48小时诱导了茉莉酸信号传导途径的脂氧合酶、多酚氧化酶活力显著增加,水杨酸信号传导途径苯丙氨酸解氨酶、β-1,3-葡聚糖酶亦发生显著变化,其活力高峰分别出现在48小时和72小时;利用荧光定量PCR技术证实了蚜虫取食能够明显诱导丙二烯氧化物合成酶基因aos、苯丙氨酸解氨酶基因、法尼烯基式合成酶基因fps的表达量的增加。由此推断:蚜虫取食能激活茉莉酸介导的信号传导途径,水杨酸介导的信号传导途径和萜类介导的防御信号途径;机械损伤与蚜虫取食并不完全相同,机械损伤在酶活力测定中,SA途径活力变化就不明显,加之上述防御基因表达测定的结果,认为机械损伤只激活了JA介导的信号途径,而对SA介导的信号途径无明显激发作用。这可能是由于蚜虫的口腔分泌物中存在着机械损伤不能模拟的特异性激发子的原因。

表7-18　机械损伤对防御酶活性的影响差异显著性分析

W(小时)	LOX	PPO	PAL	β-1,3-glucanase
12	++	++	−	−
24	++	++	−	−
48	+	++		++

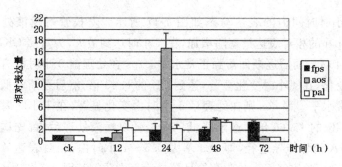

图7-15 蚜虫取食对防御基因表达的影响

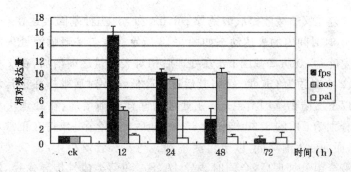

图7-16 机械损伤对基因表达的影响

③蚜虫唾液粗提物 麦长管蚜多刺吸取食灌浆期的麦穗,而麦二叉蚜多危害中下部叶片,而且麦二叉蚜危害小麦叶片产生浅黄色斑点,产生过敏性坏死反应,而麦长管蚜危害无明显症状。此外,还有文献报道这两种麦蚜唾液组分存在差异。采用石蜡膜(Parafilm)夹营养液方法,分别收集两种蚜虫的水溶性唾液,灭菌后制备唾液粗提物。采用实时荧光定量 PCR 技术研究不同唾液唾液粗提物对小麦防御基因(法尼烯氧式合成酶基因 fps、苯丙氨酸解氨酶基因 pal、丙二烯氧化物合成酶基因 aos)的转录水平的变化,明确蚜虫唾液激发小麦防御反应和防御途径的类型。

麦长管蚜唾液提取液诱导 pal,fps 和 aos 三种基因表达在0~

24 小时时间内的表达动态如图 7-17 所示。麦长管蚜唾液处理后,pal 的相对表达量逐渐增加,在 4 小时达到最大,为对照 CK 的 12.46 倍,而后逐渐回落到正常水平。fps 在处理前 3 小时没有明显变化,在 4 小时变化显著,达到 CK 的 8.43 倍,然后逐渐降低到正常水平。而 aos 则在处理后 1 小时内变化显著,在 1 小时时达到 CK 的 15.66 倍后逐渐降低。麦长管蚜唾液处理后,首先诱导了 JA 信号传导途径,即 aos 基因 0.5～1 小时内,相对表达量剧增,进而提高了 SA 和萜类信号传导途径中防御基因 pal 和 fps 的表达。

麦二叉蚜唾液提取液诱导 pal,fps 和 aos 三种基因表达在 0～24 小时时间内的表达动态如图 7-18 所示。麦二叉蚜唾液处理的小麦叶片,其防御基因 pal 在处理后相对表达量逐渐增加,在 1 小时、2 小时约为 CK 的 3 倍,其后逐渐降低,4 小时后维持在正常水平以下。防御基因 fps、aos 在处理后同样逐渐增加,在处理 1 小时分别为 CK 的 8.39 倍和 8.35 倍,随后 fps 降至并维持在正常水平,而 aos 逐渐降低,以至检测不到。与麦长管蚜相比,麦二叉蚜唾液全组分处理后,会同时诱导 JA、SA 和萜类信号传导途径,以 JA 和萜类信号传导途径为主。

④蚜虫唾液中酶组分　已有研究发现蚜虫水溶性唾液富含一系列的酶类和其他组分,可能与蚜虫激发植物的防御信号途径有关。以室内麦苗上的麦长管蚜和麦二叉蚜为供试虫源,运用生化手段分别对两种蚜虫唾液中的酶类进行鉴定,以及酶活力测定。结果表明,麦蚜的唾液中均存在多种酶,两种蚜虫唾液酶类和酶活力存在差异。其中,麦长管蚜唾液中含有多酚氧化酶、果胶甲酯酶、纤维素酶,每 30 头蚜虫唾液中的酶活力分别为:6.2×10^{-3}U/g、3.26×10^{-3}U/g、6.86×10^{-3} U/g。麦二叉蚜唾液中含有多酚氧化酶、多聚半乳糖醛酸酶、葡糖苷酶,每 30 头蚜虫唾液中的酶活力分别为:2.37×10^{-1}U/g、1.16×10^{-2}U/g、1.24×10^{-3}U/g。两

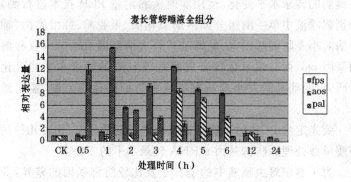

图 7-17 麦长管蚜唾液处理对防御基因的影响

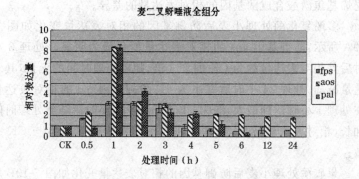

图 7-18 麦二叉蚜唾液处理对防御基因的影响

种蚜虫唾液中均含有多酚氧化酶,而麦二叉蚜唾液中多酚氧化酶活力为麦长管蚜的 38 倍。由于氧化酶类能使小麦叶片发生氧化反应而导致小麦叶片发黄,所以初步推测麦二叉蚜取食小麦后麦叶上出现浅黄色斑点与可能与该蚜唾液中多酚氧化酶的活力高有关。

为了阐明两种蚜虫唾液和唾液中不同酶组分作用下小麦防御

关键酶的转录水平变化,运用实时荧光定量 PCR 技术进行测定。分别就唾液中单一酶组分如多酚氧化酶、果胶酶、纤维素酶、葡糖苷酶对小麦防御基因(法尼烯基式合成酶基因 fps、苯丙氨酸解氨酶基因 pal、丙二烯氧化物合成酶基因 aos)的转录水平的变化进行研究,明确其激发小麦防御反应和防御途径的类型,鉴定激发子。

荧光定量 PCR 对小麦防御基因进行定量分析,比较几种唾液中酶单独处理后防御基因 mRNA 转录水平的变化:

为了鉴定蚜虫唾液中的诱导子及比较防御基因的差异,荧光定量 PCR 条件确定,研究比较了多酚氧化酶、果胶酶、纤维素酶处理后防御基因丙二烯氧化物合成酶基因、苯丙氨酸解氨酶基因、法尼烯基焦磷酸合成酶基因的相对表达量的差异。

多酚氧化酶处理小麦后防御基因的相对表达量变化如图 7-19A 所示:防御基因 aos 的相对表达量变化最为明显。处理 3 小时后其相对表达量约为 CK 的 263 倍,随着处理时间的延长,其表达量减弱,处理 24 小时后基本为 0。防御基因 pal 的相对表达量在处理 1 小时达到最大,约为 CK 的 63 倍,1 小时后随着处理时间加长,相对表达量减少,处理 5 小时后相对表达量基本与 CK 一致。

果胶酶处理小麦后防御基因的相对表达量变化如图 7-19B 所示:防御基因 pal 的相对表达量基本没有变化,防御基因 fps 的相对表达量在处理 1 小时达到最大,约为 CK 的 18 倍,随后随着处理时间的增加,基因的相对表达量逐渐降低。

纤维素酶处理小麦后防御基因的相对表达量变化如图 7-19C 所示:防御基因 pal 的相对表达量变化最为明显。处理后 4 小时达到表达高峰,约为 CK 的 151 倍,随后急剧下降。防御基因 fps 处理后 6 小时相对表达量达到表达高峰,约为 CK 的 27 倍,随后下降为 0 左右,其余各处理时间段均与 CK 差别不大。防御基因

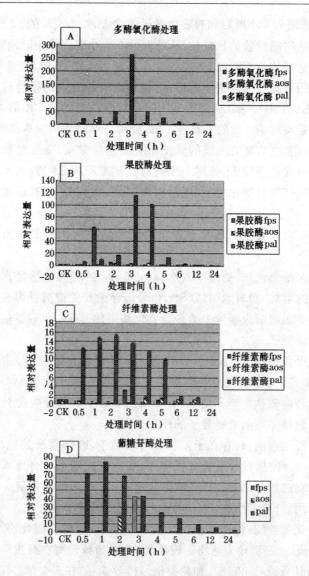

图 7-19　蚜虫唾液中单一酶对处理对防御基因的影响

aos 处理 0.5 小时后相对表达量迅速增大,约为 CK 的 12 倍,且抗性表达时间持续的比较长,从处理后 0.5 小时到 5 小时期间,其相对表达量均为 CK 的 10 倍左右,5 小时后急剧下降。

用葡糖苷酶处理小麦后,防御基因的相对表达量均有明显变化(图 7-19D)。pal 处理后 3 小时相对表达量约为 CK 的 43 倍,4 小时后突减为 CK 的 1.5 倍。fps 处理 2 小时相对表达量约为 CK 的 18 倍,之后随着时间的延长相对表达量突减。aos 处理 0.5 小时相对表达量增大,处理 1 小时后达到 CK 的 85 倍,高水平的诱导表达持续时间比较长,随后逐渐降低,直到 24 小时后才基本与 CK 一致。

蚜虫唾液酶在激发小麦防御信号途径的作用归纳为以下几类:

多酚氧化酶:处理小麦后,aos 和 fps 的相对表达量有着不同程度的增加,而对水杨酸(SA)信号传导途径关键酶基因表达影响不大。表明蚜虫唾液中的多酚氧化酶可能是 JA 和萜类信号途径中的诱导子。

果胶酶:处理小麦后,aos 和 pal 变化均比较显著,主要诱导 JA 和 SA 信号传导途径防御关键酶基因的表达,而对萜类信号传导途径的表达影响不明显;表明蚜虫唾液中的果胶酶在 JA 和 SA 信号途径中均起着诱导子的作用。

纤维素酶:仅存在于麦长管蚜唾液中,纤维素酶处理小麦后,只有 aos 的相对表达量有所增加,表明蚜虫唾液中纤维素酶在蚜虫取食过程中诱导 JA 信号传导途径,而对其他途径有一定的抑制作用;纤维素酶在 JA 信号途径中起着诱导子的作用。

葡糖苷酶:仅存在于麦二叉蚜唾液中,葡糖苷酶处理小麦后,aos、pal、fps 诱导表达均比较显著,表明葡糖苷酶在蚜虫取食过程中同时会诱导 JA、SA 和萜类信号传导途径,在三个信号途径中起着诱导子的作用。

源于蚜虫唾液的小麦防御信号途径中诱导子的确定：麦长管蚜和麦二叉蚜唾液全组分均可以激发 JA、SA 和萜类信号途径，为此 3 类信号途径的诱导子，源于蚜虫唾液单一酶组分对小麦防御信号途径中诱导作用结果有 3 种：JA 信号途径的诱导子：多酚氧化酶、果胶酶、纤维素酶、葡糖苷酶；SA 信号途径的诱导子：果胶酶、葡糖苷酶；萜类信号途径的诱导子：多酚氧化酶、葡糖苷酶。

⑤蚜虫取食诱导挥发物 蚜虫取食诱导挥发物与蚜虫取食相同，不仅能够诱导 LOX 酶活力增高（图 7-20），而且有 3 个防御基因表达量升高（图 7-21）：fps 的相对表达量变化得更为明显，12 小时达到表达高峰，随后急剧下降，72 小时又有微小上调；aos 表达量在前 48 小时呈现逐步上升趋势，72 小时下降至与对照水平相当；pal 在 12 小时即达到表达高峰（约为 CK 的 4 倍），其余时间点与对照相比变化不大。这说明蚜虫取食后的小麦不但能够激活防御基因进而产生防御蛋白来抵御蚜虫的侵害，而且能够通过挥发物为邻近植株提供报警信号，使邻近植株的防御基因也能被诱导表达（即所谓的间接防御反应）。

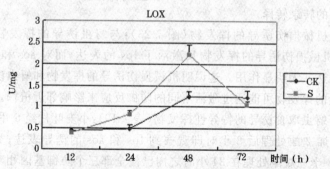

图 7-20 蚜虫取食诱导的挥发物对防御酶活性的影响

为了验证 LOX 酶在小麦诱导防御反应中的功能，以及外源 JA 对小麦的诱导作用，采用 LOX 的抑制剂 SHAM。LOX 的抑

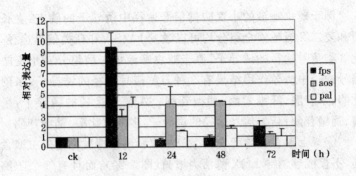

图 7-21　蚜虫取食诱导的挥发物对基因表达的影响

制剂 SHAM 的应用抑制了 fps、aos、pal 的相对表达量（分别为 CK 的 0.43、0.31 和 0.87 倍）（图 7-22）。但是，如果对叶片同时施加 SHAM 和 JA，则这种抑制作用被有效缓解。至此，提出一种挥发物诱导邻近健康植株防御基因表达的机制：即健康植株通过某种未知的机制感受虫害植株的挥发物，并由此诱导 LOX 的活性升高，随后类十八烷途径被激活，茉莉酸被大量合成并启动防御基因的转录转译。

　　机械损伤诱导的挥发物（图 7-23）：与蚜虫诱导的挥发物不同，机械损伤诱导的挥发物只激活了 fps 的表达，而对 aos 和 pal 的表达并无明显作用。这说明机械损伤诱导的挥发物和蚜虫诱导产生的挥发物可能通过激活不同的防御反应来影响邻近植株。

　　蚜虫取食诱导的特异性挥发物（表 7-19）：小麦叶片经 6-甲基-5-庚烯-2-酮处理后 3 小时即观察到 fps 和 aos 的诱导表达；类似的，2-十三烷酮处理在 24 小时之内已使全部三个防御基因相对表达量升高；1-己醇虽然对 aos 和 pal 的表达没有影响，但对 fps 的作用非常明显；只有反-2-己烯-1-醇处理不能激发三个防御基因转录水平。这一结果说明：6-甲基-5-庚烯-2-酮、2-十三烷酮和 1-己醇三种蚜虫取食诱导的特异的挥发物与 fps、aos 和 pal 三个防御

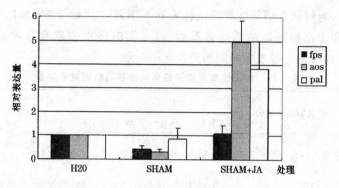

图 7-22　SHAM 的应用对防御基因表达的影响

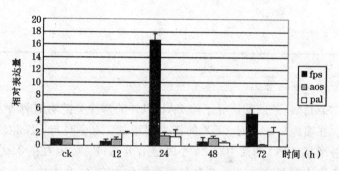

图 7-23　机械损伤诱导的挥发物对基因表达的影响

基因的诱导表达有密切的关系,很可能作为信号分子在植株间通讯中发挥作用。

　　由上述研究可知,蚜虫取食诱导的挥发物只对邻近植株中脂氧合酶活性有明显的诱导作用;并可诱导法尼烯基式合成酶基因 fps、苯丙氨酸解氨酶基因 pal、丙二烯氧化物合成酶基因 aos 三个防御基因表达量升高。由此提出一种挥发物诱导邻近健康植株防御基因表达的机制:即健康植株通过某种未知的机制感受虫害诱导的植株的挥发物,并由此诱导 LOX 的活性升高,随后类十八烷途径被激活,茉莉酸被大量合成并启动防御基因的转录转译。

麦蚜取食诱导的特异性挥发物 6-甲基-5-庚烯-2-酮、2-十三烷酮和 1-己醇可以激活防御基因表达，影响蚜虫的取食和种群数量，具有作为蚜虫驱避剂的开发应用前景。

表 7-19　特异性挥发物处理后防御基因的相对表达量

挥发物活性成分	3 小时(3h)			24 小时(24h)		
	fps	aos	pal	fps	aos	pal
6-甲基-5-庚烯-2-酮	5.18	4.96	0.04	0.69	0.93	1.02
2-十三烷酮	5.96	0.46	8.04	0.30	8.49	1.35
1-己醇	9.18	1.30	0.07	1.18	1.57	2.04
反-2-己烯-1-醇	0.87	1.09	0.03	0.39	1.20	0.06

⑥化学诱导剂

茉莉酸:茉莉酸诱导了除 PAL 以外的两种关键防御酶活力增加。在喷施后 3 小时 LOX 的活力即增加,24 小时与 CK 相比极显著增高;PPO 的活力在 24 小时显著升高;PAL 活力在 24 小时内未发生明显变化;β-1,3 葡聚糖酶的活力在 24 小时内一直高于对照,但未达到显著水平。

从检测的基因水平看图 7-24:茉莉酸诱导后,fps 相对表达量在处理后 3 小时即为对照的 20 倍左右,而在 24 小时后又急剧下降;aos 的相对表达量在 24 小时内一直维持在极高水平(是 CK 的 50~60 倍),这恰恰证明了茉莉酸对类十八烷途径的反馈调节作用;pal 的表达在 24 小时与对照相比虽有升高(CK 的 6 倍左右),但升高幅度不及 aos 和 fps。

水杨酸甲酯:水杨酸甲酯处理后的小麦叶片中,防御关键酶的活力未发生显著变化,但是三个防御基因的表达变化十分明显(图

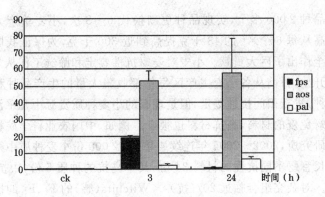

图 7-24　茉莉酸处理对防御基因表达的影响

7-25)：fps 在诱导后 3 小时即急剧表达，达到 CK 的 20 倍以上，24 小时却几乎检测不到；作为 SA 途径关键酶基因的 pal 的相对表达量也比对照增加了近 10 倍；但是 JA 途径的关键酶 aos 的表达却受到了强烈的抑制，在整个检测时间内几乎没有表达。

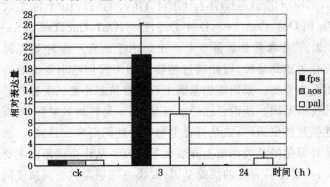

图 7-25　水杨酸甲酯处理对防御基因表达的影响

(三)寄主抗蚜基因发掘和抗蚜分子育种

1. 来自小麦的抗蚜基因　新中国成立以来，我国已培养出小麦品种 2 000 多个,实现品种更新换代 6～8 次,小麦单产大幅度提高从每 667 米² 的 43 千克提高到近 300 千克,为保证我国粮食安全作出了巨大贡献。小麦对麦蚜抗性鉴定和筛选工作从"七五"就开始,目前从各小麦主产区每年都收集大量的生产品种和后备品种,进行田间抗性鉴定,但是现有的小麦种质资源中几乎没有对麦蚜免疫的材料,高抗材料也很少。例如,中国农业科学院植物科学研究所,2002～2005 年连续 4 年,从 2 000 份小麦种质中筛选对麦长管蚜不同抗性的材料 34 份,其中高抗的种质 5 份,中抗的 20份。对杂交组合临远 207(抗)×Witchita(感)的 F_1、F_2 的抗性遗传分析发现,临远 207 对麦长管蚜的抗性由 1 对显性单基因控制的。但至今我国还没有分离到来自小麦的抗蚜基因。因此,我国来自小麦的抗蚜基因可有效利用的资源相当缺乏。

国外利用小麦抗蚜基因分子标记方法已从小麦中发掘并命名14 个抗麦二叉蚜基因(如 Gb1,Gb2,Gb3,Gb4,Gb5,Gb6,Gba,Gbb,Gbc,Gbd,Gbx,Gbx1,Gby,Gbz),10 个抗麦双尾蚜基因(如 Dn1,Dn2,Dn3,Dn4,Dn5,Dn6,Dn7,Dn8,Dn9,Dnx)。

2. 转外源抗蚜基因小麦　正是由于现有小麦种质资源中绝大部分为感蚜品种,因此通过植物基因工程创造小麦抗蚜新种质显得尤为重要。采用植物基因工程培育抗蚜小麦的关键是选择合适的抗蚜基因。所谓合适的抗蚜基因,一是抗蚜效果好,对蚜虫的毒性强且抗虫谱广;二是符合生物安全性的要求。目前,在抗蚜机制和外源抗蚜基因挖掘上开展大量研究。从作用谱范围主要分为两类:一类是特异性的抗蚜基因,此类基因通常只在同属或同种植物当中才会有抗蚜作用,并且一般只对一种或几种蚜虫有很好的效果,将此类基因转至其他植物中,却没有抗蚜效果,如 Mi-1.2 基因;另一类是广谱性抗蚜基因,此类基因产物对多种蚜虫有较好的抑制效果,如蛋白酶抑制剂、植物凝集素(lectin),例如,来自雪花莲凝集素 Galanthus nivalis agglutinin (GNA),来自苋菜种子的凝集素 Amaranthus caudatus agglutinin（ACA）等。从转基因抗蚜机制来分，主要有两类：一类转对蚜虫的非寄主抗性和抗生性基因，主要在蛋白酶抑制剂基因和转植物凝集素（lectin）基因；另一类转对蚜虫驱避性基因，如反-β法尼烯（EβF）合成酶基因。

（1）植物凝集素基因　就抗蚜转基因而言，研究最成功的是转植物凝集素基因。植物凝集素是一类植物保守性糖蛋白，能与单糖或寡糖可逆地或特异地结合。植物凝集素在植物防御、固氮等方面具有重要地位，并存在于多种植物中，尤其在种子和营养器官内含量比较丰富，已经从豆科、茄科、禾本科和石蒜科等许多植物中分离鉴定出上千种植物凝集素基因。关于植物凝集素抗虫机制，普遍认为其与昆虫消化道上皮细胞的糖蛋白结合，降低膜透性，从而影响对营养物质的吸收；植物凝集素还可在昆虫消化道内诱发病灶，促进消化道内细菌繁殖，抑制昆虫生长发育，达到抗虫效果。雪花莲凝集素基因（gna），半夏凝集素基因（pta），天南星凝集素基因（aha）和豌豆凝集素基因（p-lec）等对哺乳动物的毒性相对较小，是抗虫转基因工程的研究重点。

目前，应用于小麦抗蚜转基因工程的仅有雪花莲凝集素基因（gna），半夏凝集素基因（pta）。Stoger 等（1999）将韧皮部特异启动子调控下的 gna 导入小麦，鉴定转基因株系对麦长管蚜具有抗性，目的基因表达量高于 0.04％的植株可显著降低蚜虫繁殖力。梁辉等（2004）用基因枪法将 1 个新的雪花莲凝集素（GNA）基因转入普通春小麦品种"中-60634"和生产上正在推广的冬小麦高产品种-"豫麦 66"中，分别获得了转基因小麦植株。抗蚜实验证明，转 gna 基因的小麦株系对麦长管蚜和禾谷缢管蚜的抗性效果不尽相同。对禾谷缢管蚜，在接种当代即表现出明显的毒杀作用。对麦长管蚜，则表现为虫体发育减缓并且降低了其所产原代若蚜成活率。在自然条件下，转 gna 基因小麦则对这两种麦蚜的取食均起到了一定的抑制作用。

徐琼芳等(2005)将人工合成的 gna 基因导入小麦栽培品种"扬麦 158"，得到 6 株转基因植株，T1 代可显著抑制蚜虫繁殖，与对照相比，蚜虫数量减少近 90％。Yu 等(2008)构建 cryIa 和 pta 双价表达载体，采用农杆菌介导法转入小麦中，对 2 个转基因小麦株系抗蚜鉴定，蚜虫存活率分别为对照的 54％和 78％。

我国从 1998 年以来，开展了抗蚜转基因小麦的研究。通过构建了在 ActI 启动子驱动下 gna 基因，并以 bar 基因作为选择标记基因的高效表达载体，建立小麦高效转化再生体系，获得小麦品种的胚性无性系，将 gna 基因导入小麦"石 4185"、"河农 326"、"河农 859"等栽培品种中，获得转基因株系。经抗蚜性鉴定，约 6％的转基因植株抗蚜性较强，蚜虫数量减少达 70％～84.4％，并得到能稳定遗传的第二代转基因小麦种子(李凤珍等，2004)。

目前，抗蚜植物基因工程遇到的主要问题依然是抗蚜基因的有效性，以及转基因作物的安全性。提高植物中抗蚜基因的表达量，或者增加抗蚜基因的有效浓度，如在韧皮部的浓度，从而提高对蚜虫的致死效果是一条有效途径。此外，由于植物凝集素对哺乳动物毒性的问题，许多研究开始寻找其他转基因策略。

(2)反-β 法尼烯(EβF)合成酶基因　反-β 法尼烯(EβF)作为大多数蚜虫报警信息素的主要甚至唯一成分，可以使蚜虫产生骚动，从植株上坠落，并吸引天敌，从而控制蚜虫危害。EβF 合成酶是植物体内催化法尼基焦磷酸(FPP)合成 EβF 的关键酶。中国农业科学院作物科学研究所已从亚洲薄荷、欧洲薄荷、花旗松河黄花蒿中分离克隆了 EβF 合成酶基因，转入烟草进行功能鉴定，并通过基因枪法和农杆菌介导法将源于亚洲薄荷的 EβF 合成酶基因 MhEβFS1 基因转入"扬麦 12"和"农科 199"，对转基因植株连续进行 PCR 鉴定已繁殖获得 T3 代转基因种子，转基因小麦 EβF 释放量及其对麦蚜的驱避作用均明显提高。

三、生态调控与农业防治技术

(一)加强栽培管理,调整作物布局

加强栽培管理是提高作物产量,控制麦蚜发生危害的重要途径。干旱、瘠薄、稀植的麦田利于麦二叉蚜发生。因此,在黄矮病流行区,提高栽培水平,改旱地为水地,深翻,增施氮肥,合理密植,可较好地控制麦二叉蚜和黄矮病。清除田间杂草与自生麦苗,可减少麦蚜的适生地和越复寄主。在西北地区麦二叉蚜和黄矮病发生流行区,如甘肃冬春麦混种区,缩减冬麦面积,扩种春播小麦,从而可削弱麦蚜和黄矮病的寄主作物链,是控制蚜、病发生的一种重要手段。在南方禾谷缢管蚜发生严重地区,减少秋玉米的播种面积,切断其中间寄主植物,蚜源相应减少,可减轻禾谷缢管蚜的发生危害。在华北地区推行冬麦与油菜、豆科作物、大蒜等间作,对保护利用麦蚜天敌资源、控制蚜害有较好效果。

麦蚜种群数量变动与小麦播量、小麦播期、耕作方式、肥水等条件有密切关系。高密度小麦群体(每 667 米^2 10 千克播量),不利于麦长管蚜种群的自然增长;低密度小麦群体(每 667 米^2 5 千克播量),不利于禾谷缢管蚜的自然增长;当前生产上推行的小麦群体密度(每 667 米^2 7.5 千克播量),对两种麦蚜的自然增长均十分有利。因此,要根据各小麦产区优势蚜种情况,采用适当的小麦播种量。

要适时集中播种,冬麦适当晚播,春麦适时早播。春季,则晚播麦田蚜量多于早播麦田,是由于晚播麦田生育期晚,茎叶鲜嫩,蚜虫喜食,繁殖量增大;冬麦适期晚播与旱地麦田冬前冬后碾磨,可压低越冬虫源,碾磨还可保墒护根利于小麦生长。例如,在山东济南市郊调查,9 月下旬播种的麦田,有翅蚜迁入早,且早播麦苗群体大,田间小气候有利于禾谷缢管蚜发生,高峰期蚜量达到百株485～2 710 头;而 10 月中旬播种的麦田,高峰期蚜量百株只有 38～83 头。

耕作细致的秋灌麦田土缝少,蚜虫不易潜伏,易冻死,因而相对蚜虫密度较低。

在改造农田生态环境方面,针对麦蚜大多喜欢氮素养分、充足的肥水环境条件等生态习性,适当控制氮肥用量和灌水,适期增施磷、钾肥等,提高小麦植株的抗(耐)害能力,抑制麦蚜种群增长,减轻危害。例如,麦田施用氮肥(每 667 米^2 纯氮 10 千克)对两种麦蚜种群增长都有促进作用,对禾谷缢管蚜的作用尤为明显,种群增长速度较快,种群结构相对稳定,麦蚜危害加重;麦田施用钾肥(每667 米^2 纯钾 6 千克)对禾谷缢管蚜的生长发育不利。春季肥水充足田蚜量多,因水浇麦苗生长旺盛,生育期推迟,有利于麦蚜发生。

(二)利用生物多样性,调控麦蚜适生环境

生物多样性是自然界中维持生态平衡、抑制植物虫害暴发成灾的基础因素。农作物多样性主要包括遗传(品种)多样性和物种多样性,多系品种和品种混合是遗传或品种多样性用于作物虫害防治的有效途径,主要是由于麦田生物多样性增加,天敌种类和数量增加;此外小麦品种混种间作挥发物互相掩盖,蚜虫需花费更多的时间去寻找最喜欢的寄主植物,从而延长蚜虫寻找寄主的时间,抑制蚜虫种群的增长。

人为调控麦蚜的适生环境是一项基础性的生态治理措施,具有可持续性控制作用;在调控麦蚜寄主因素方面,结合种植结构调整增加物种的丰富度,充分发挥生物多样性对麦蚜的抑制作用。另一方面,改变小麦大面积单一品种的连片种植和窄行密植的耕作方式,推行适度面积的单片种植、适期播种、插播或间套作麦蚜的非寄主植物等栽培措施,以切断麦蚜食物链,遏制麦蚜的种群密

度和种群增长速度。

目前,利用增加生物多样性布局来对麦蚜进行生态调控的主要措施,包括小麦不同抗蚜性品种的合理混种,以及小麦与不同作物以适当方式的间(套)作,主要间(套)作方式有小麦与油菜、小麦与蚕豆、小麦与香菜、小麦与大蒜、小麦与豌豆、小麦与绿豆等。例如,小麦与油菜套种不利于麦蚜混合种群增长,其次是小麦与蚕豆、香菜套种。例如,小麦—油菜间作田小麦千粒重为 35 克,比对照(单作麦田)增加 9.7 克。

利用蚜虫危害诱导小麦释放的挥发物防治麦蚜。虫害诱导植物挥发物是植物遭受植食性昆虫攻击后,受伤植物与植食性昆虫口腔分泌物共同作用而释放的挥发性次生物质。它们是植食性昆虫在取食过程中遇到的主要障碍之一,也是天敌昆虫寻找寄主或猎物的主要信息来源。一些相关的麦蚜取食诱导的挥发物已经被分离鉴定,如 6-甲基-5-庚烯-2-酮、6-甲基-5-庚烯-2-醇等,利用其对麦蚜具有驱避作用。但对几种重要的麦蚜寄生性和捕食性天敌有较强的吸引作用的特点,可以通过人工合成并采用缓慢释放技术制作成挥发物缓释器,如 EβF 缓释器已在山东、河北等麦田进行示范应用,干扰麦蚜的寄主定位,抑制其取食,增强对天敌的吸引作用,而且不会带来传统化学农药的副作用。

此外,通过蚜虫诱导抗虫性研究发现,外源植物激素茉莉酸和水杨酸诱导小麦产生挥发物,对蚜虫取食驱避作用,并且诱导维管液营养成分的改变,从而增强小麦抗虫性。因此,应用茉莉酸甲酯和水杨酸甲酯等化学诱导剂,人为增强小麦抗虫性,同时释放吸引天敌的挥发物,降低蚜虫的危害。

四、生物防治技术

保护利用天敌是一项经济、环保的绿色防控措施,不仅可较好地控制麦蚜危害,而且对麦田及后茬作物田的害虫也能起到一定控制作用。麦蚜的天敌资源非常丰富,常见的有瓢虫、食蚜蝇、草蛉、蚜茧蜂等。测定天敌控蚜指标,并将该指标与化学防治指标结合起来,为充分发挥天敌作用提供保证。必要时可人工繁殖释放或助迁天敌,使其有效地控制蚜虫。保护麦蚜天敌除改善繁衍场所与条件外,特别要改进施药技术,应用对天敌安全的选择性药剂,减少用药次数和数量,保护天敌免受伤害。当天敌与麦蚜比大于1∶20时,天敌控制麦蚜效果较好,不必进行化学防治;当益害虫比在1∶150以上,但此时天敌呈明显上升趋势,也可不用药物防治。当防治适期遇风雨天气时,可推迟或不进行化学防治。

在农作物补偿能力强的时期或天敌发生量大时,改进施药技术,放宽防治指标,减少施药面积,可以减轻对天敌昆虫的伤害。防治蚜虫时,应尽量选择效果好、对天敌杀伤小的农药,一般可以选择内吸传导性农药。控制农药用量,改进施药方法。以喷洒方法治蚜时,应选定有效低浓度,控制农药用量;若以低容量细喷雾时,使针对性喷雾和漂移性喷雾相结合,通过增加植株上雾滴数和雾滴在植株上的再分布或内吸传导扩散也能减少农药用量。保护越冬天敌,越冬期是天敌昆虫受伤害最大的季节,也是保护天敌的重要时期,秋末冬初,对天敌加以保护,免受环境的不良影响。选留天敌生存场所。在农作物收获季节,常会导致大量天敌受到伤害,因此有计划地留好天敌过渡的环境,如在小麦收割时,往往是天敌大量遭受杀伤的主要时期,可以采用分期收割、延长秸秆在麦田的时间、推迟翻耕等措施。人工助迁是瓢虫渡过不良环境和减少死亡的一种有效措施,也可以直接利用。

在我国,蚜虫的真菌病时有发生,特别是在多雨季节,往往会发生流行性蚜霉菌,一旦发生,蚜虫的发病率很高。因此,大规模饲养和释放草蛉、瓢虫等天敌资源,因其控制蚜虫的效果是惊人的,超过了使用化学农药防治蚜虫的效果。

五、物理防治技术

物理防治即采用物理的方法消灭害虫或改变其物理环境,创造一种对害虫有害或阻隔其侵入的一种方法。物理防治的理论基础是人们在充分掌握害虫对环境条件中的各种物理因子如光照、颜色、温度等的反应和要求之后,利用这些特点来诱集和消灭害虫。该法收效迅速,可直接把害虫消灭在大发生之前,或在某些情况下,作为大发生时的急救措施,可起到灭绝作用。

黄板诱杀技术是利用蚜虫等特点来实施诱杀趋黄性农业害虫的一种物理防治技术。黄色粘虫板通常于麦蚜发生初期,开始使用,使用方法如下:用竹(木)细棍支撑固定;棋盘式分布,每 667 米^2 均匀插挂 15～30 块黄板,高度高出小麦 20～30 厘米;当黄板上粘虫面积占板表面积的 60% 以上时更换,板上胶不粘时要更换;为保证自制黄板的黏着性,需 1 周左右重新涂一次;悬挂方向以板面向东西方向为宜。

六、化学防治技术

当麦蚜发生数量大,危害严重,以农业和生物防治不能控制其危害时,则化学药剂防治是突击控制蚜害最有效措施。但要掌握防治适期及防治指标,通过对主要危害蚜虫种类、蚜量与产量损失率的相关分析,根据经济损失允许水平,在小麦扬花灌浆初期化学防治指标为百株蚜量以麦长管蚜为主达到 500 头以上,以禾谷缢管蚜为主达 4 000 头以上;当百株蚜量达到防治指标时,益害比小于 1:120,近日又无大风雨天气时,应及时进行药剂防治选择好农药种类和合适的施用方法。

化学防治应选好药剂种类和合适的施用方法。20 世纪 70～

80 年代,氧化乐果是防治麦蚜较理想的化学药剂,因其防治效果好、价格低,被农民长期使用,从而导致麦蚜对氧化乐果产生抗性,并且大量杀死天敌。80 年代以后,推广应用多种类型的药剂,如氨基甲酸酯类、拟除虫菊酯类和烟酰亚胺类等。目前,田间常用药剂:2.5%吡虫啉可湿性粉剂 3 000 倍、10%吡虫啉可湿性粉剂 3 000 倍或 25%吡虫啉可湿性粉剂 3 000 倍、4.5%高效氯氰菊酯乳油 3 000 倍、50%抗蚜威可湿性粉剂 3 500～4 000 倍。2.5%溴氰菊酯乳油每 667 米^2 用 10～13 毫升、2.5%三氟氯氰菊酯每 667 米^2 用 20～30 毫升,40%乐果乳油每 667 米^2 用 50 毫升,这些药剂虽然对麦蚜有较好的防治效果,但对麦田害虫天敌有很强的杀伤力,不宜在穗期使用。要保护天敌和农田环境,应选用低毒、低残留的环保友好型农药,可选用植物源杀虫剂,如 0.2%苦参碱水剂每 667 米^2 用 150 克(或 30%苦参碱 500 倍液)、0.5%楝素乳油每 667 米^2 用 40 克、30%增效烟碱乳油每 667 米^2 用 20 克、40%硫酸烟碱 1 000 倍和 10%皂素烟碱 1 000 倍、抗生素类的 1.8%阿维菌素乳油 2 000 倍液。这些药剂对麦蚜的防效都能达到 90%以上,又可以最大限度地降低对天敌的杀伤作用。可有效地避免过度杀伤天敌的药剂还有啶虫脒,一般其 3%乳油每 667 米^2 用 20～30 毫升,推荐在小麦穗期蚜虫初发生期对水喷雾;还可用 50%抗蚜威可湿性粉剂每 667 米^2 用 30 克,可在小麦苗期或在穗期蚜量始盛期对水喷雾使用。

在黄矮病流行区,实施苗期治蚜,主要是进行药剂拌种。可用 50%辛硫磷乳油,接种子量 0.2%拌种(有效成分为 0.3%),将所需药量,加种子量 10%的水稀释后,喷洒于麦种上,搅拌均匀,堆闷 6～12 小时后播种,并可兼治地下害虫和麦蜘蛛;或用 50%灭蚜松乳油 150 毫升,对水 5 升,喷洒在 50 千克麦种上,堆闷 6～12 小时后播种;对未经种子处理的田块,当苗期有蚜株率达 5%,或百株蚜量 20 头左右时,应进行田间喷药防治,消灭麦蚜基地,控制蚜、病流行。

在小麦穗期常多种病虫害混合发生，如小麦锈病、白粉病、麦蚜、黏虫等混发区，选抗蚜威与三唑酮、灭幼脲混用，如选 11％氧乐酮乳油每 667 米² 用 100 毫升、30％吡多酮可湿性粉剂每 667 米² 用 60～80 克，或兼治小麦赤霉病、纹枯病和麦蚜。

在禾谷缢管蚜发生重的麦区，还应注意苗期或拔节期虫源基地的防治。

参考文献

1. 国家科委全国重大自然灾害综合研究组主编：中国自然灾害丛书《中国重大自然灾害急减灾对策（分论）》. 科学出版社，北京：1993.

2. 李光博，曾士迈，李振歧主编. 小麦病虫草鼠害综合治理. 中国农业科技出版社，北京：1990.

3. 陈生斗，胡伯海主编.《中国植物保护五十年》. 中国农业出版社，北京：2003.

4. 杨益众，戴志一，黄东林，等. 麦蚜的阶段性为害对小麦产量和品质影响的研究[J]. 昆虫知识，1995，32（1）：1-13.

5. Merrill SC，Holtzer TO，Peairs FB，Lester PJ. Modeling spatial variation of Russian wheat aphid overwintering population densities in Colorado winter wheat. Journal of Economic Entomology，2009，102：533-541.

6. 张广学，钟铁森编著. 1983. 中国经济昆虫志，第二十五册，同翅目蚜虫类（一）。北京：中国科学出版社.

7. 全国农业技术推广服务中心. 小麦病虫草害发生与监控. [M]. 北京：中国农业出版社，2008.

8. 陈其瑚，俞水炎. 蚜虫及其防治. 上海：上海科学技术出版社，1988.

9. 陈巨莲. 麦类虫害. 成卓敏主编《新编植物医生手册》，化学工业出版社，2008 年 5 月出版.（参编著作）.

10. 陈巨莲，程登发，倪汉祥，等. 利用显微摄影技术研究禾谷缢管蚜在越冬寄主植物上的行为，植物保护，2004.

11. Van Emden H. F. & Harrington R. . 2007. Aphids as crop pests. Wallingford, UK:CAB International.

12. Burd J. D. , Porter D. R. Biotypic diversity in greenbug (Hemiptera: Aphididae): characterizing new virulence and host associations. J Econ Entomol. , 2006, 99(3):959-65.

13. Burd J. D. , Porter D. R. , Puterka G. J. , Haley S. D. , Peairs F. B. Biotypic variation among north American Russian wheat aphid (Homoptera: Aphididae) populations. J Econ Entomol. , 2006, 99(5):1862-6.

14. Liu X. M. , Jin D. S. A new biotype (chn-1) of greenbug, Schizaphis graminum found in Beijing. Acta Entomologica Sinica, 1998, 41(2):141-144.

15. Merrill S. C. , Peairs F. B. , Miller H. R. , Randolph T. L. , Rudolph J. B. , Talmich E. E. Reproduction and development of Russian wheat aphid biotype 2 on crested wheatgrass, intermediate wheatgrass, and susceptible and resistant wheat. J Econ Entomol. 2008, 101(2):541-5.

16. Porter, D. R. , Burd J. D. , Webster J. , Teetes G. Inheritance of greenbug biotype G resistance in wheat,. Crop Sci. , 1994, 34, 625-628.

17. Randolph T. L. , Peairs F. , Weiland A. , Rudolph J. B. , Puterka G. J. Plant responses to seven Russian wheat aphid (Hemiptera: Aphididae) biotypes found in the United States. J Econ Entomol. , 2009 102(5):1954-1959.

18. Zhao H. , Yuan F. , Liu H. , Zhang G. , Liu X. , Wang J. , Liu J. The biotype identification of aphid (Schizaphis graminum Rendani) and resistance the aphid. Acta Agriculturae Boreali- Occidentalis Sinica, 2001, 10(3):35-37.

19. 白莉,郑王义,任东植,等. 麦长管蚜为害损失估计及防治阈值研究. 山西农业科学,2006,34(1):61-64.

20. 蔡凤环,赵惠燕. 麦长管蚜自然群体的遗传变异研究. 西北农林科技大学学报(自然科学版),2004,32(2):21-24.

21. 郭良珍,刘绍友,苏丽. 小麦禾谷缢管蚜的为害损失和防治指标研究. 植物保护,2000,26(6):12-14.

22. 郭予元,曹雅忠. 麦蚜混合种群对小麦穗期的为害和动态防治指标初步研究. 植物保护,1988,14(3):2-5.

23. 李莉,王锡峰,周广和. 我国北方麦区麦长管蚜种群的RAPD分析 植物保护学报 2001,28(1):89-90.

24. 李鹊鸣,林昌善. 麦长管蚜为害小麦经济阈值研究. 昆虫知识,1993,30(2):74-78.

25. 熊朝均. 禾谷缢管蚜的发生与小麦生育期关系的研究. 昆虫知识,1990.1:5-7.

26. 徐利敏,齐凤鸣,张建平,等. 麦长管蚜为害小麦产量损失的初步研究. 内蒙古农业科技,1998.5:27.

27. 戈峰,陈法军,吴刚,等. 昆虫对大气 CO_2 浓度升高的响应. 科学出版社,北京:2010.

28. 郭良珍,刘绍友. 禾谷缢管蚜发育起点温度和有效积温的研究. 昆虫知识.2001,38(1):31-32.

29. 胡冠芳. 三种瓢虫幼虫捕食麦二叉蚜的功能反应. 昆虫天敌,1992,14(4):180-185.

30. 胡想顺,赵惠燕,胡祖庆,等. 麦二叉蚜在 10 个小麦品种(系)室内苗期生物学反应及抗性分析. 植物保护,2007,33(4):38-42.

31. 李定旭,刘绍友. 温度对麦长管蚜种群增长的影响. 昆虫知识,1992,29(4):196-198.

32. 李素娟,王经伦,王志民,等. 氮肥对麦蚜种群密度影响的研究．植物保护，1992，19(6)：23-24．

33. 李素娟，武予清，李巧丝，等．影响禾谷缢管蚜自然种群变动的关键因素研究．植物保护，2000，26(3)：11-14．

34. 李耀发，党志红，高占林，徐海云，潘文亮．不同肥料对麦长管蚜繁殖力的影响．中国植物保护学会 2006 年学术年会，2006：234-237．

35. 李永平，李树莲，陶耀明，等．温度对麦长管蚜世代发育与产仔的影响．云南农业科技，1991，05：78-80．

36. 汪世泽，郝树广．温度对麦长管蚜的影响．生态学杂志，1993，12(3)：53-56．

37. 王冰，李克斌，尹姣，等．风雨对麦长管蚜自然种群发展的干扰作用．生态学报，2009．29(8)：4317-4324．

38. 王万磊，刘勇，纪祥龙，等．小麦间作大蒜或油菜对麦长管蚜及其主要天敌种群动态的影响．应用生态学报，2008，19(6)：1331-1336．

39. 杨效文．温度和光照对麦二叉蚜种群增长的影响．昆虫知识，1990，27(5)：263-266．

40. 尹青云，郑王义，谢成升，等．温度对麦长管蚜发育和生殖力的影响．华北农学报，2003，18(3)：71-73．

41. 周福才，陆自强，陈丽芳，等．小麦形态特征与抗禾谷缢管蚜的关系．江苏农学院学报，1998，19(4)：39-42．

42. 周海波，陈林，陈巨莲，等．基于 GIS 的小麦-豌豆间作对麦长管蚜种群空间格局的影响，中国农业科学，2009，42(11)：3904-3913．

43. 管致和．蚜虫与植物病毒病害．贵州人民出版社，贵阳：1983．

44. 王锡锋，周广和．大麦黄矮病毒介体麦二叉蚜和麦长管蚜体内传毒相关蛋白的确定．科学通报，2003，48(15)：1671-

1675.

45. 胡亮,谢芳芹,相建业,等.中国西北地区麦二叉蚜与禾谷缢管蚜对小麦黄矮病传毒能力的分析.麦类作物学报 2009,29(4):721-724.

46. 陈春,冯明光.麦蚜虫霉流行病的初始侵染源及传播途径观察.中国科学(C辑):2003,33(5):414-420.

47. 张向才,周广和,史明,等.麦蚜远距离迁飞和传毒规律的研究.植物保护学报,1985,12(1):9-15.

48. 程登发,田喆,李红梅,等.温度和湿度对麦长管蚜飞行能力的影响,昆虫学报 2002,45(1):80-85.

49. 董庆周,魏凯,孟庆祥,等.宁夏地区麦长管蚜远距离迁飞的研究.昆虫学报,1987,30(3):277-284.

50. 杨建国,金晓华,郭永旺,等.遥感技术麦蚜监测应用研究.中国农学通报,2001,17(6):4-6.

51. 乔红波,程登发,孙京瑞,等.麦蚜对小麦冠层光谱特性的影响研究,植物保护 2005,31(2):21-26.

52. 常向前.基于 AFIDSS 的麦长管蚜田间种群动态模拟研究.硕士论文,北京:中国农业科学院,2006.

53. 陈林,胡想顺,田喆,等.基于 GIS 的麦长管蚜空间分布型分析,2006 年植物保护学会会议论文集.

54. 高灵旺.黄淮海地区麦蚜信息管理与预测预报技术研究.博士论文,北京:中国农业大学,1998.

55. 罗瑞梧,杨崇良,李长松.麦长管蚜种群数量变动因素和预测的研究.山东农业科学,1985,3:27-30.

56. 钱秀娟,钱秀娟,梁俊燕,等.皋兰县麦长管蚜的田间消长规律及预测模型.甘肃农业大学学报,2004,39(2):183-185.

57. 王洪誉.麦长管蚜发生期预测的研究.昆虫知识,1998,35(4):197-200.

58. 刘庆斌. 麦长管蚜发生量预测预报方法的研究. 昆虫知识, 1991, 28(1):4-9.

59. 董照锋, 陈光华, 黄卫玲, 等. 小麦穗蚜发生程度主要因子分析及预测预报. 植保技术与推广, 2002, 22(5):13, 34.

60. 张会孔, 杨振霞, 靳桂芝, 等. 麦蚜复合种群发生量的预报. 昆虫知识, 1995, 32(2):84-86.

61. 孙淑梅, 胡箭卫. 模数学综合评判麦蚜发生量(程度)预测预报技术的研究. 昆虫知识, 1994, 31(3):140-143.

62. 郭文润, 么奕清, 王兆祥. 冀南麦区麦蚜发生期、发生量的预报研究. 昆虫知识, 1993, 30(1):10-12.

63. 田昌平, 张会孔, 郭守仁. 麦蚜复合种群发生期预报的研究. 昆虫知识, 1997, 34(2):67-69.

64. 王万磊, 刘勇, 纪祥龙, 等. 小麦间作大蒜或油菜对麦长管蚜及其主要天敌种群动态的影响[J]. 应用生态学报, 2008, 19(6):1331-1336.

65. 周海波, 陈巨莲, 刘勇, 等. 小麦品种多样性对麦长管蚜的生态调控作用[J]. 植物保护学报, 2009, 36(2):151-156.

66. Van Emden H. F., Harrington R. Aphids as crop pests [M]. Wallingford, UK:CAB International, 2007.

67. 周海波, 陈巨莲, 程登发, 等. 小麦间作豌豆对麦长管蚜及其主要天敌种群动态的影响[J]. 昆虫学报, 2009, 52(7):775-782.

68. 刘勇, 胡萃, 倪汉祥, 等. 不同营养层次挥发物对燕麦蚜茧蜂寄主搜寻行为的影响. 应用生态学报, 2001. 12(4):581-584.

69. 刘勇, 郭光喜, 陈巨莲, 等. 瓢虫和草蛉对小麦挥发物组分的行为及电生理反应. 昆虫学报, 2005, 48(2):161-165.

70. 郭洪年, 侯汉娜, 欧阳青, 等. 抗蚜基因及其转基因植物.

中国生物工程杂志,2008,28(6):118-124.

71. 梁辉,朱银峰,朱 祯,孙东发,贾旭. 雪花莲凝集素基因转化小麦及转基因小麦抗蚜性的研究. 遗传学报,2004,31(2):189-194.

72. 中国农业科学院植物保护研究所. 中国农作物病虫害(第二版),上册. 中国农业出版社,北京:1995.

73. 周广和,成卓敏,张向才,等编著. 麦类病毒病及其防治. 上海科学技术出版社,上海:1987.

74. 李素娟,张志勇,王兴运,等. 用模糊识别技术鉴定小麦品种(系)抗蚜性研究. 植物保护 1998,24(5):15-16.

75. 刘勇,郭光喜,陈巨莲,等. 瓢虫及草蛉对小麦挥发物组分的行为和电生理反应. 昆虫学报.2005,48(2):161-165.

76. 尹姣,陈巨莲,曹雅忠,等. 外源化合物诱导后小麦对麦长管蚜和粘虫的抗虫性研究. 昆虫学报,2005,48(5):718-724.

77. 刘勇,陈巨莲,倪汉祥. 麦长管蚜和禾谷缢管蚜对小麦挥发物的触角电位反应. 昆虫学报,2003,46(6):679-683.

78. 陈巨莲,倪汉祥,孙京瑞,等. 小麦几种主要次生物质对麦长管蚜几种酶活力的影响,昆虫学报 2003,46(2):144-149.

79. 刘保川,陈巨莲,倪汉祥,等. 小麦中黄酮类化合物对麦长管蚜生长发育的影响,植物保护学报,2003,30(1):8-12.

80. 陈巨莲,倪汉祥,孙京瑞. 主要次生物质对麦蚜的抗性阈值及交互作用 植物保护学报,2002,19(1):7-12.

81. 刘保川,陈巨莲,倪汉祥,等. 丁布的分离、纯化和结构鉴定及其对麦长管蚜生长、发育的影响. 应用与环境生物学报,2002,8(1):71-74.

82. 刘勇,陈巨莲,倪汉祥,等. 茉莉酸诱导小麦幼苗对麦蚜取食行为的影响. 植物保护学报,2001,18(4):325-330.

83. 李凤珍,吉万全,吴金华. 小麦抗蚜研究新进展. 西北农林科技大学学报(自然科学版),2004,32(增刊)73-77.

84. 段灿星,王晓鸣,朱振东. 小麦种质对麦长管蚜的抗性鉴定与评价. 植物遗传资源学报, 2006,7(3):297-300.

85. 蔡青年,张青文,高希武,等. 小麦体内次生物质对麦蚜的抗性作用研究. 中国农业科学,2003,36(8):910-915.

86. Zhu L. C. , Smith C. M. , Fritz A. , Boyko E. V. Genetic analysis and molecular mapping of a wheat gene conferring tolerance to the greenbug (Schizaphis graminum Rondani). Theor Appl Genet, 2004, (109):289-293.

87. Liu X. M. , Smith C. M. , Gill B. S. Identification of microsatellite markers linked to Russian wheat aphid resistance genes Dn4 and Dn6. Theor Appl Genet, 2002, (104):1042-1048.

88. 陈巨莲 小麦蚜虫。全国农业技术推广服务中心编,《小麦病虫草害发生与监控》. 中国农业出版社,北京:2008 ,p133-144. (参编著作)

89. 陈巨莲. 麦类虫害. 成卓敏主编《新编植物医生手册》,化学工业出版社,北京:2008,p44-51 (参编著作).

90. 喻修道. EβF 合成酶基因的克隆及功能分析. 中国农业科学院作物科学研究所、研究生院. 2010 博士学位论文。

91. Lei H. , Tjallingii W. F. , van Lenteren J. C. , 1998. Probing and feeding characteristics of the greenhouse whitefly in associate with host. Plant acceptance and whitefly strains. Ent. Exp. Appl. ,88:73-80.

92. Lei H. , Van Lenteren J. C. , Tjallingii W. F. ,1999. Analysis of resistance in tomato and sweet pepper against the greenhouse whitefly using electrically monitored and visually observed probing and feeding behaviour. Ent. Exp. Appl. ,92:299-309.

93. Prado E. , Tjallingii W. F. ,1999. Effects of experimen-

tal stress factors on probing behaviour by aphids. Ent. Exp. Appl. ,90:289～30094. Tjallingii W. F. ,1990. Continuous recording of stylet penetration activities by aphids. In:Cambell R. K & Eikenbary R. D (eds), Aphid－Plant Genotype Interactions. Elsevier Science Publishers. B. V. Amslerdam,pp. 88-89.

94. 王美芳,陈巨莲＊,程登发,原国辉. 小麦叶片表面蜡质及其与品种抗蚜性的关系. 应用与环境生物学报,2008,14(3):341-346 (＊ 通讯作者).

95. 刘勇,陈巨莲,程登发. 不同小麦品种(系)叶片表面蜡质对两种麦蚜取食的影响. 应用生态学报,2007,18(8):1785-1788.

96. 马蕊. 麦蚜唾液酶诱导小麦防御反应机制研究. 中国农业科学院,硕士学位论文,2009.

97. 赵丽艳. 麦长管蚜取食诱导小麦防御反应的生化及分子机制. 中国农业科学院,硕士学位论文,2006.

98. 蔡青年,张青文,周明祥. 小麦旗叶和穗部吲哚生物碱含量与抗麦长管蚜关系研究. 植物保护,2004,28 (2):11-16.

99. 徐琼芳,田芳,陈孝,等. 转 GNA 基因小麦新株系的分子检测和抗蚜虫性鉴定. 麦类作物学报,2005,25(3):7-10.

100. Yu Y, Wei Z. Increased oriental armyworm and aphid resistance in transgenic wheat stably expressing Bacillus thuringiensis (Bt) endotoxin and Pinellia ternate agglutinin (PTA). Plant Cell,Tissue and Organ Culture,2008,94(1):33-44.

101. 中华人民共和国农业部. 2002. NY/T 612—2002 小麦蚜虫测报调查规范[S]. 北京:中国农业出版社.

102. 中华人民共和国农业部. 2007. NY/T 1443.7—2007 小麦抗病虫性评价技术规范 第7部分 小麦抗蚜虫评价技术规范[S]. 北京:中国农业出版社.

103. 张广学. 西北农林蚜虫志,昆虫纲,同翅目,蚜虫类. 北京:中国环境科学出版社,1999.

104. 乔格侠,张广学,姜立云,等. 河北动物志. 蚜虫类. 石家庄:河北科学技术出版社,2009.

金盾版图书,科学实用,
通俗易懂,物美价廉,欢迎选购

小麦植保员培训教材	9.00	训教材	9.00
小麦农艺工培训教材	8.00	池塘成鱼养殖工培训	
水稻植保员培训教材	10.00	教材	9.00
水稻农艺工培训教材(北		家禽防疫员培训教材	7.00
方本)	12.00	家禽孵化工培训教材	8.00
绿叶菜类蔬菜园艺工培		蛋鸡饲养员培训教材	7.00
训教材(北方本)	9.00	肉鸡饲养员培训教材	8.00
绿叶菜类蔬菜园艺工培		蛋鸭饲养员培训教材	7.00
训教材(南方本)	8.00	肉鸭饲养员培训教材	8.00
豆类蔬菜园艺工培训教		养蜂工培训教材	9.00
材(北方本)	10.00	小麦标准化生产技术	10.00
蔬菜植保员培训教材		玉米标准化生产技术	10.00
(北方本)	10.00	大豆标准化生产技术	6.00
蔬菜贮运工培训教材	10.00	花生标准化生产技术	10.00
果品贮运工培训教材	8.00	花椰菜标准化生产技术	8.00
果树植保员培训教材		萝卜标准化生产技术	7.00
(北方本)	9.00	黄瓜标准化生产技术	10.00
果树育苗工培训教材	10.00	茄子标准化生产技术	9.50
西瓜园艺工培训教材	9.00	番茄标准化生产技术	12.00
茶厂制茶工培训教材	10.00	辣椒标准化生产技术	12.00
园林绿化工培训教材	10.00	韭菜标准化生产技术	9.00
园林育苗工培训教材	9.00	大蒜标准化生产技术	14.00
园林养护工培训教材	10.00	猕猴桃标准化生产技术	12.00
猪饲养员培训教材	9.00	核桃标准化生产技术	12.00
奶牛饲养员培训教材	8.00	香蕉标准化生产技术	9.00
肉羊饲养员培训教材	9.00	甜瓜标准化生产技术	10.00
羊防疫员培训教材	9.00	香菇标准化生产技术	10.00
家兔饲养员培训教材	9.00	金针菇标准化生产技术	7.00
家兔防疫员培训教材	9.00	滑菇标准化生产技术	6.00
淡水鱼苗种培育工培		平菇标准化生产技术	7.00

怎样提高番茄种植效益	8.00	问答	10.00
怎样提高辣椒种植效益	11.00	提高胡萝卜商品性栽培技术问答	6.00
怎样提高苹果栽培效益	13.00	提高马铃薯商品性栽培技术问答	11.00
怎样提高梨栽培效益	9.00	提高黄瓜商品性栽培技术问答	11.00
怎样提高桃栽培效益	11.00	提高水果型黄瓜商品性栽培技术问答	8.00
怎样提高猕猴桃栽培效益	12.00		
怎样提高甜樱桃栽培效益	11.00		
怎样提高杏栽培效益	10.00		
怎样提高李栽培效益	9.00	提高西葫芦商品性栽培技术问答	7.00
怎样提高枣栽培效益	10.00	提高茄子商品性栽培技术问答	10.00
怎样提高山楂栽培效益	12.00		
怎样提高板栗栽培效益	13.00	提高番茄商品性栽培技术问答	11.00
怎样提高核桃栽培效益	11.00		
怎样提高葡萄栽培效益	12.00	提高辣椒商品性栽培技术问答	9.00
怎样提高荔枝栽培效益	9.50		
怎样提高种西瓜效益	8.00	提高彩色甜椒商品性栽培技术问答	12.00
怎样提高甜瓜种植效益	9.00		
怎样提高蘑菇种植效益	12.00		
怎样提高香菇种植效益	15.00	提高韭菜商品性栽培技术问答	10.00
提高绿叶菜商品性栽培技术问答	11.00	提高豆类蔬菜商品性栽培技术问答	10.00
提高大葱商品性栽培技术问答	9.00		
提高大白菜商品性栽培技术问答	10.00	提高苹果商品性栽培技术问答	10.00
提高甘蓝商品性栽培技术问答	10.00	提高梨商品性栽培技术问答	12.00
提高萝卜商品性栽培技术		图说蔬菜嫁接育苗技术	14.00

以上图书由全国各地新华书店经销。凡向本社邮购图书或音像制品，可通过邮局汇款，在汇单"附言"栏填写所购书目，邮购图书均可享受9折优惠。购书30元(按打折后实款计算)以上的免收邮挂费，购书不足30元的按邮局资费标准收取3元挂号费，邮寄费由我社承担。邮购地址：北京市丰台区晓月中路29号，邮政编码：100072，联系人：金友，电话：(010)83210681、83210682、83219215、83219217(传真)。